LAS ESPECIES CINEGÉTICAS ESPAÑOLAS EN EL SIGLO XXI

Las especies cinegéticas españolas en el siglo XXI
Depósito Legal: CR 1345-2019

Recopilación de resultados de caza: José Luis Garrido
Textos: José Luis Garrido y Christian Gortázar
Gráficos: Javier Ferreres
Edita: José Luis Garrido, Christian Gortázar y Javier Ferreres
Diseño y maquetación: Ático, estudio gráfico

ÍNDICE

Prólogo, Santiago Ballesteros Rodríguez 5

Prólogo, Luis Arroyo Zapatero 9

Introducción 13

Cómo usar este libro 17

Resultados de caza de las especies cinegéticas españolas 21
- Perdiz roja 23
- Codorniz 27
- Tórtola 31
- Becada 35
- Zorzales 39
- Conejo 43
- Liebres 49
- Zorro 55
- Lobo 59
- Jabalí 63
- Ciervo 67
- Gamo 73
- Corzo 77
- Cabra montés 81
- Rebeco 85
- Muflón 89
- Arrui 93

Las especies cinegéticas y su seguimiento en España 97

Referencias 110

Agradecimientos 116

UN ESFUERZO TITANICO DE RECOPILACION DE DATOS: LA VOLUNTAD Y LA CIENCIA AL SERVICIO DE TODOS

Santiago Ballesteros Rodríguez
ABOGADO

Más de 400.000 jabalíes al año se cazan (oficialmente) en España. Los ungulados en general, y ciervos, corzos y cabras monteses en particular, han visto multiplicarse sus poblaciones por mucho en la última década. Por contra, la caza menuda, la de nuestro Delibes, ha sufrido un progresivo y preocupante descenso. La perdiz salvaje asiste a un declive sin fin y languidece. La liebre, golpeada por la enfermedad en 2018, es apenas un testimonio de lo que fue en muchos cotos y las migratorias, una sombra de sí mismas en nuestros comienzos como morraleros y aficionados hasta el punto de llegar a plantear prohibirse la popular y apasionante caza de la tórtola. En resumen, caza mayor arriba y caza menor, en clara regresión. Cada uno que saque sus propias conclusiones y que busque sus propios culpables, que los hay y muchos de este nuevo escenario.

Lo cierto y verdad es que los datos reflejan el cambio obligado del cazador español. De cazar conejos y liebres, hemos pasado a participar en batidas y monterías. De buscar la perdiz al salto, a recechar al corzo en las tierras de Soria, y prácticamente ya en toda España. De la paralela al exprés. Del cartucho y el taco de escopeta, a la bala y a los grains. Del perro de muestra al perro de rehala.

El trabajo realizado por José Luis Garrido, Javier Ferreres y Christian Gortázar es de suma importancia. Recopila los datos de muchas jornadas de caza y constituye – por desgracia – la única estimación existente hoy en España sobre las capturas de especies cinegéticas y por tanto sobre su abundancia. Siempre he pensado -y he dicho - que esta tarea que realizaba un jubilado de Renfe al frente de la Escuela Española de Caza, era una labor que correspondía en realidad realizar al Ministerio, coordinando los datos de comunidades autónomas. Durante décadas las únicas cifras de capturas en España han sido los recopilados por Garrido y su red de colaboradores y amigos. Este hecho me produce sentimientos contradictorios: por un lado, es estupendo comprobar como el interés, la ilusión y la constancia siguen siendo la argamasa que sirve de pegamento a cualquier trabajo constructivo, incluso sin el apoyo de superestructuras administrativas o estatales; y a su vez, como ciudadano y como español, me parece sencillamente un dislate, un funcionamiento anormal del Estado de las Autonomías y una dejación de funciones por parte de la Administración Central. Apunto que esta falta debería ser corregida y que, dependiendo de la Administración Central, debería haber una base de datos de capturas y poblaciones, independiente y objetiva ¿Cómo puede ser que en pleno siglo XXI no exista en España una base de datos global de la Administración sobre esta materia? ¿Cómo es posible que, a pesar de tanto observatorio, programa, ministerio, dirección general, senado, congreso, administración, empresa pública, subvención, chollos, latisueldos… no exista nada de esto?

El trabajo de Garrido, Ferreres y Gortázar, es además una suma con efecto multiplicador. Aúna la experiencia y la sensibilidad de un cazador a rabo -a granel como le gusta decir a José Luis - con la ciencia, la información y la metodología de uno de los científicos más prestigiosos en materia de caza en nuestro país. Una alianza y un complemento. Que el Instituto de Investigación en Recursos Cinegéticos (IREC) se haya hecho eco de este trabajo me parece lo propio. Cuanto cabe. Lo suyo. Precisamente el IREC, que ahora cumple veinte años, casi sus bodas de plata, se creó entre otras cosas para impulsar este tipo de trabajos. Adelantado a su tiempo, el Rector Luis Arroyo, supo ver la necesidad de dotar de un brazo científico e investigador a una actividad (la cinegética) que el definía como "petróleo" de estas tierras. Y está bien, que, al socaire de su vigésimo aniversario de historia y experiencia, vuelva sobre sí mismo y oriente los esfuerzos y desvelos de sus cien investigadores hacía este recurso vital para el campo. Como bien está, que el IREC haya inaugurado de forma itinerante, la Exposición Nacional de Caza y Ciencia en el museo provincial de Ciudad Real. El IREC es sin duda, el instituto científico (más de cien doctores, doctorandos, catedráticos) más importante de España en materia cinegética. Debemos aprovecharlo y servirnos de él. Y a su vez, la institución, debe orientarse cada día más a la ciencia aplicada a la caza y ser cada día más útil al aprovechamiento y fomento de la riqueza cinegética de nuestro país. Así al menos lo percibo yo como ciudadano, contribuyente y cazador.

Sin duda, a falta de otros datos, de otras recopilaciones por parte del Ministerio, las estimas que se nos presentan en este trabajo son seguramente "los mejores datos de la ciencia" hoy, expresión que usa recurrentemente la Unión Europa como parámetro para la toma de decisiones en materia de conservación de especies silvestres. Y si no los mejores, seguramente los únicos. Con las carecencias propias de cualquier estimación son los únicos datos que hay, y por tanto el trabajo es un trabajo de referencia. Me pregunto cuánto hubiera costado este trabajo de haberse realizado por el sector público. Y al mismo tiempo reflexiono sobre la importancia de la constancia y la voluntad en esta vida, que son los pilares sobre los que se edifica este rascacielos de datos y gráficos recopilados golpe a golpe.

José Luis Garrido, de setenta y seis años, con sus errores y sus aciertos, ha sido durante muchos años un San Simón predicando en el desierto con esto de los datos y los estudios. Cuando la mayoría de los cazadores nos preocupábamos sólo de llenar el morral, y comprar cartuchos, … era una rara avis que se preocupaba de los estudios y de la ciencia aplicada a la caza. En palabras del biólogo Mario Sáenz de Buruaga "cuando él empezó esto era un barbecho". No había nada. Y eso, como él diría "es un dato", no es algo opinable.

El Catedrático Christian Gortázar es –para los que no lo sepan – una institución en "lo suyo" a nivel internacional. Ha publicado una letanía de trabajos en revistas científicas, y es un puntero y un puntal en materia enfermedades de especies silvestres: un tema, lamentablemente, de rabiosa actualidad. Ha sido director del IREC y una referencia para administraciones y administrados. Un fiel defensor de la actividad cinegética. Al trabajo de martillo pilón de Garrido, le aporta la mano de Gortázar una inapelable pátina científica, el tamiz y la criba de la ciencia que dan como resultado un robusto y riguroso estudio sobre datos oficiales, aportados por las distintas Consejerías autonómicas. Javier Ferreres, tercer integrante del equipo, aporta su habilidad en el manejo de las nuevas tecnologías, convirtiendo los números en mapas.

Gracias a este trabajo podemos conocer - por ejemplo - que el lobo tiene unas poblaciones estables y envidiables y que con los datos y la ciencia en la mano es posible su caza al Sur y al Norte del Duero. Los números nos muestran el crecimiento desbordante de algunas especies, pero también nos anuncian la necesidad de estudiar el descenso de otras, de estar vigilantes, y en algunos casos de optar como cazadores y conservacionistas, por la autorregulación y la sensatez. Los tiempos han cambiado. Los talibanismos de uno y otro lado, no son buenos consejeros. Convencer. Las moscas se cazan con miel. Con miel, no con vinagre. Es preferible - y radicalmente lógico - que seamos los cazadores quién vayamos siempre delante, que no otros inducidos por los de siempre o la Fiscalía General del Estado. Para eso están los datos, para anticiparse, predecir y tomar las mejores decisiones.

Personalmente, creo que todos debemos agradecer un trabajo como este, que en nada perjudican, son un regalo de los autores y a todos nos benefician por la abundante información que dan. Sencillamente gracias.

Ciudad Real, 24 de noviembre de 2019.

Los orígenes del IREC

Luis Arroyo Zapatero
Rector honorario de la Universidad de Castilla-La Mancha

Tras la creación de la Universidad aspirábamos a dar soporte científico a toda el área agroalimentaria de la región, completando el trabajo de la Escuela de Agrónomos de Albacete y de ITA en Ciudad Real. Pronto identificamos las materias que requerían una concentración extraordinaria de investigadores y laboratorios. Nos preocupaba cómo cooperar con una producción agrícola e industrial que produce la mitad del total del vino español y la cuarta parte del europeo. En Sudáfrica, en Ciudad del Cabo, capital emergente de la producción moderna del vino, visitamos Ernesto Martínez y el que suscribe un extraordinario instituto de biotecnología de la vid y el vino y nos aprendimos que se trataba de una galaxia bien lejana a los esfuerzos tradicionales de la región por la "selección y mejora". Lo intentamos todo con ellos, habida cuenta de que ni el gran instituto de Montpellier tenía interés alguno en ayudarnos, ni en Valencia daban para más que para ellos mismos. Hasta hoy no lo hemos conseguido, a pesar de los dos valiosos grupos que trabajan en Ciudad Real y Albacete.

La otra gran riqueza de la región, sobre la que no se realizaba entonces investigación ni transferencia alguna, salvo la gestión especializada de los ingenieros del antiguo ICONA, la caza y las especies cinegéticas, no eran objeto de investigación más que en una entidad privada en Reino Unido y en la Oficina de la Caza en París. Ricardo Ayala al frente de APROCA, gran conocedor del medio, nos orientó con referencias sobre la importancia de la caza como sector, como renta y como fuente de empleo. También lo sabía de sobra Fernando López Carrasco, consejero de Agricultura y hombre fuerte en el gobierno de José Bono, que compartía la preocupación y tenía un proyecto para instalar en la antigua Escuela de Caza del ICONA en Toledo. Laureano Gallego, catedrático de producción animal de la Escuela de Agrónomos de Albacete, acababa de cerrar la investigación coadyuvante en los procesos de declaración de las denominaciones de origen del cordero y del queso manchego y se ocupó de orientar científicamente el paso de los corderos a los ciervos, y nos guió en la complejidad de las aproximaciones científicas que tendrían por objeto las especies cinegéticas de la región. Para comenzar hicimos una reunión a la que asistieron los directores de ITA, que dirigía Luis López, y de Agrónomos de Albacete, Francisco Montero, y un joven y cualificado biólogo que se había incorporado desde la Autónoma de Madrid a nuestra Universidad para apoyar el nacimiento de la Oficina de Transferencia de la Investigación, José Antonio Fernández Pérez, hoy catedrático de genética. A su vez, Julián Pérez Templado, presidente de la Audiencia de Ciudad Real, aportó la presencia fundamental de su amigo Jorge de la Peña, antiguo subdirector del ICONA y responsable de los cursos de especialización que se impartían desde la Escuela de Ingenieros de Montes en Madrid, que nos ilustró sobre lo que había en España y en el extranjero en investigación sobre la materia. Lo primero que se estimó imprescindible fue realizar un estudio socio-económico, que limitamos a Ciudad Real, y que con generoso patrocinio de Don Emilio Botín se realizó por un amplio equipo con graduados de la Escuela de Ingenieros Agrícolas y de la amplia familia de los Cortés que dirigió el catedrático de economía agraria de Albacete y Vicerrector de Investigación de entonces Miguel Olmeda, con un joven doctorando que hoy es el Director de la Escuela de Agrónomos y Montes de Albacete, Rodolfo Bernabéu, quien compuso una tesis doctoral y un libro que creo que sigue siendo el único estudio académico sobre la materia. Los resultados, en cuya obtención había colaborado hasta la Guardia Civil, fueron espectaculares. Pues la caza en puestos de trabajo fijos y eventuales y en jornales, en obtención de renta agrícola y en turismo, podía representar la cuarta renta agrícola de la provincia tras los cultivos tradicionales, la vid y el vino y el olivo y el aceite. Lo cual era extensible al menos a las provincias de Toledo y Albacete. Había base para fundamentar una inversión permanente en la materia, que además sería una contribución única en el espacio de la investigación en España.

La Junta se dirigió al CSIC para encomendarle la iniciativa y vino a Ciudad Real Miguel Delibes de Castro, al frente de una gran comitiva. La Diputación ofreció Galiana, que visitamos, pero tuvimos suerte con Miguel Delibes, pues amigos desde niños me dijo reservadamente que en el Consejo no "confiaban en que nosotros fuéramos capaces". Pero para entonces ya habíamos aprendido a superar las faltas de confianza de los ajenos. En 1996 cambió el gobierno central y tras una reunión con José María Barreda y Fernando López Carrasco planteamos el asunto al nuevo presidente del CSIC, César Nombela, natural de Carriches en la provincia de Toledo, catedrático de microbiología e hijo de quien había sido médico de Sonseca, lo que me llevó a imaginar que recordaría a su padre con escopeta y perro. Parece que acertamos y asumió con entusiasmo la tarea encargándosela al vicepresidente Miguel Garcia Guerrero, catedrático de Sevilla, y al director de la Estación Biológica de Doñana, Miguel Ferrer, especialista en aves rapaces y en la Antártida, que había sustituido a Delibes, quien en opinión de los nuevos directivos había pasado demasiados fines de semana con el anterior presidente del gobierno, lo que podría haberle mareado mucho. Así que se creó el Instituto Mixto UCLM-CSIC y la Junta de Comunidades bajo la dirección de Sacramento Moreno, discípula de Delibes y especialista en el conejo, elemento clave del ecosistema, tanto para la caza como para la subsistencia de las rapaces, así como del personaje que estaba a punto entonces de desaparecer: el lince. A Sacramento Moreno le siguió Rafael Villafuerte, actualmente en el Instituto de Estudios Sociales Avanzados de Córdoba, y posteriormente Julián Garde, hoy miembro de la Real Academia de Veterinaria y Vicerrector de Investigación de nuestra Universidad y, a su vez, Christian Gortázar.

La incorporación de Christian Gortázar vino de la mano de mi relación con Juan Badiola, Rector entonces de la Universidad de Zaragoza, con quien establecí una sólida relación académica y personal que dio entre otros frutos la creación de la Facultad de Medicina de Albacete, pues presidía la comisión que autorizaba todos los nuevos centros en el Consejo de Universidades, aunque quien tuvo que seducirle fue don

José Bono, pues hacía 20 años que no se autorizaba ninguna de esas Facultades. Le expliqué el proyecto de creación del IREC y le atrajo suficiente como para autorizarnos a contar con su asesoría y para enviarnos al más joven de sus discípulos que se encontraba en edad de merecer. Su apoyo ha sido constante tanto en la época de las vacas locas como en la de presidente del Consejo Nacional de Colegios Veterinarios y sigue acompañándonos hoy en el máster y en el doctorado. La sobresaliente competencia científica de Christian Gortázar en sanidad animal y muy especialmente en la tuberculosis de la fauna cinegética puede comprobarse en cualquiera de los observatorios científicos internacionales, mucho mejor de lo que yo pueda decir, pues al fin y al cabo lo académicamente mío es el furtivismo.

El Instituto se presentó en el Rectorado nuevo en 1999. Además, acudió Alejandro Alonso, Consejero de Agricultura, quien junto a Barreda y López Carrasco resultó fundamental, pues siempre hay adversarios de las buenas ideas, en general por falta de confianza o de alcances. El CSIC dotó la construcción del espléndido edificio experimental y se cubrieron con rapidez las plazas de investigadores en las respectivas áreas y enseguida se comenzó a conocer los secretos de la pureza genética de la perdiz roja, las enfermedades de ciervos y jabalíes, las condiciones de la alimentación ordenada, todo un mundo que abarca hoy el trabajo de veinte investigadores senior y hasta 80 de otras clases y situaciones. Los investigadores del IREC se organizan básicamente en cinco grupos: sanidad y biotecnología, biodiversidad genética y cultural, ciencia animal aplicada a la gestión cinegética, gestión de recursos cinegéticos y fauna silvestre y toxicología de fauna silvestre. Todo ello sirve al estudio de la reproducción, alimentación y enfermedades de conejos, perdices, jabalíes y ciervos. El instituto se ubica en un edificio expresamente diseñado para la investigación en estas materias y tiene desde "morgue" hasta cámaras especiales para aislamiento de cualquier fuente de peligro. Cuenta además con bultos en bronce de perros, jabalí y ciervo, donados los primeros por Mariano Aguayo y el último por la gran familia Garoz de Los Yébenes.

En la Escuela de Agrónomos y Montes de Albacete se concentra buena parte de los que trabajan con los ciervos, en las modestas instalaciones de la Carretera de las Peñas. Disponían hasta llegar la crisis de una magnifica finca experimental de 28 ha, Aguasnuevas, que había donado la Junta con Jose María Barreda de Presidente, y en la que se habían realizado numerosas inversiones, sobre todo por parte de la Caja Rural, cuando era presidente el tristemente desaparecido Higinio Olivares, gran amigo de la Universidad. En Ciudad Real se disponía de la Finca Galiana, donada por la Diputación Provincial de Ciudad Real, de 600 hectáreas, 200 de ellas de regadío, en la que había más de 10 laboratorios, tres de ellos del IREC, además de un castillo-residencia del siglo XIV completamente rehabilitado y un albergue para actividades para grupos de más de 30 estudiantes y las pertinentes aulas. Cuando llegó la crisis el rectorado devolvió las dos fincas, sin que hasta ahora se haya visto un informe económico sobre las pérdidas patrimoniales y de recursos de investigación que ha comportado tan grave pérdida para lo más original en investigación que se ha hecho en Castilla-La Mancha. Ojalá se recuperen, si no la titularidad, al menos el uso.

Para financiar todo el trabajo ordinario de investigación los investigadores del IREC acuden a las convocatorias de los planes europeos, nacionales y regionales de i+d. También realizan contratos de servicios y estudios con comunidades autónomas, pero queda mucho por hacer en el sector privado, que en estas como en otras cosas piensa más en el corto plazo que en mirar lejos. Con notables excepciones, entre quienes destaca Yolanda Fierro. Este es un importante reto y tendría que haber una mejor coordinación con los sectores del mundo rural, que no se pueden limitar a protestar porque se vacía el campo. La caza y la pequeña industria cárnica, el turismo y la gastronomía que lleva consigo es en muchos de nuestros territorios -particularmente en Los Montes- la única industria y fuente de empleo y las grandes fincas de caza son la Ford de Castilla-La Mancha y el equivalente a un PER, que aquí se paga por los particulares. Veinte años es poco tiempo en investigación, cumplirlos es un buen augurio y un acicate para dar entre todos un impulso a tan gran empresa. El excelente director del Museo Provincial, José Ignacio de la Torre, y el que no lo es menos del IREC, Rafael Mateo, preparan una muy bien diseñada exposición conmemorativa sobre la historia social y científica de la caza y su función en la conservación de las especies y el mundo rural.

El IREC es el centro monográfico de mayor productividad científica de toda la Universidad de Castilla-La Mancha. Basta ver las excelentes Memorias que cada año nos presentan. A veces los investigadores se vuelven humanos y colaboran con aficionados y observadores atentos y cualificados. Este es el extraordinario caso de José Luis Garrido, durante muchos años director de la Escuela de la Federación Española de Caza, que ha acompañado con dedicación y cariño a los investigadores, aportándoles una experiencia y conocimientos que jamás habrían adquirido en el laboratorio en cuya persona agradezco a cuantos nos han regalado su cariño, comprensión, cooperación y apoyo. Este libro es fruto de esa venturosa colaboración.

Ciudad Real 12 de diciembre de 2019

INTRODUCCIÓN

José Luis Garrido

Intentar conocer cuánto cazamos viene de lejos y más que una curiosidad, es un objetivo de la caza cabal y responsable que hemos difundido siempre desde la Federación Española de Caza y las Federaciones Autonómicas. En 1992, los cazadores iniciamos en la Federación de Castilla y León, el proyecto CAZDATA (Lucio, Sáenz de Buruaga y cols. 1992) aún en vigor, que analiza muchas facetas de la actividad, incluidas las capturas de todas las especies en esta comunidad. En 1997, siendo José Luis Garrido director de la Escuela Española de Caza (EEC), iniciamos la actividad con un seminario sobre la perdiz roja. Para hablar de caza de la patirroja en España requeríamos disponer de todos los datos que intervienen, incluyendo las capturas en las diez y siete comunidades. En el texto de ese curso, LA PERDIZ ROJA, editamos la primera tabla de capturas de la especie en toda España, con los datos que remitieron las consejerías afectas de las comunidades autónomas. Hasta entonces se venían manejando las tablas de caza del Anuario de Estadísticas Agrarias (AEA) adscrito al ICONA que desapareció en 1995. Desde la EEC y FEDENCA, la Fundación para el Estudio y Defensa de la Naturaleza y la Caza, seguimos recopilando datos en años sucesivos, iniciando así para la mayoría de las especies cazables más significativas unas tablas de capturas anuales, a partir de la primera temporada de caza 2000-2001 de este siglo. En 2011 editamos las capturas en las diez primeras temporadas. Hemos continuado captando datos hasta la última temporada completa que es la 2017-2018, y que presentamos en este texto.

Hace años que los técnicos y científicos estudiosos de la evolución de la fauna y los cazadores coincidimos en que uno de los procedimientos para evaluar el impacto de la caza sobre la biodiversidad consiste en analizar la tendencia de las capturas en cada temporada,

pues para cada especie cazable suelen ser un buen reflejo de su estatus poblacional durante ese periodo en el que se ha desarrollado la caza. Es natural que si un territorio va dejando de aportar "la cosecha anual de caza" es porque la población marcha en declive y si ocurre lo contrario y cada año es más generosa en rédito de piezas, es porque la población progresa. Estas obviedades son las que apuntan las tendencias en las capturas cinegéticas que presentamos y alertan a todos los observadores de que algo le ha ocurrido a las especies cuando sus gráficas sufren inflexiones; las positivas nos descubren que el índice de crecimiento superó a las extracciones por la caza y las negativas denuncian lo contrario: que algo malo le ha ocurrido a una especie por enfermedades, efectos de los biocidas, escasa inmigración y en algunos casos, por la caza excesiva cuya extracción es superior al incremento natural del bien renovable. Es conocido que el campo agrícola cada vez rinde menos fauna menor por culpa de las labores y los biocidas para la siembra o durante el desarrollo del cereal. También sabemos que las vedas no resuelven el deterioro poblacional de las especies de caza menor, porque la causa principal no es la caza. Si observamos la situación precaria de las especies protegidas como esteparias, aláudidas y otras aves que comparten con las cinegéticas los mismos agrosistemas cerealistas, nos percatamos que su declive es mucho más acusado en las que no se cazan, porque no son estrategas de la r.

A la vista de las tablas de capturas para las dieciocho temporadas primeras de este siglo, 2000-2001 a 2017-2018, todo apunta a que, con carácter general, la caza mayor cada vez produce mayores cantidades de piezas, porque hay un incremento poblacional de esas especies, mientras que la mayoría de las de caza menor, denuncian un acusado declive porque la renta reproducida por el campo es inferior a lo que se caza o muere por otras causas. Es evidente que los cazadores somos los mismos para los dos grupos de especies, las de mayor al alza y las de menor a la baja.

Aunque cuantitativamente los números que aportan las tablas de capturas que adjuntamos puedan presentar objeciones sobre su exactitud, dado el sistema de obtención de datos, podemos afirmar que cualitativamente las capturas marcan perfectamente las tendencias reales de las poblaciones de las especies de caza. Los datos de capturas se obtienen a través del titular del coto, obligado a darlos a los servicios de caza provinciales. En estos años hemos comprobado, con carácter general, que tras los sondeos de opinión en la mayoría de las provincias, existe concordancia entre las perspectivas de caza que esperaban tras la crianza detectada cada primavera y verano, con las capturas en los primeros días hábiles de ese año, que publicamos en los medios y que también coinciden, en progreso o declive, con los datos de capturas que más tarde declararán los titulares de los cotos. En el otoño siguiente habitualmente se publican los datos por las consejerías afectas, algunas a través de la web. Como era de esperar, se repite la coincidencia de lo manifestado como opinión y en medios cinegéticos anteriormente, con los datos concretos y declarados por los titulares, que recogemos en estas tablas.

Un caso especial que señalar es el de la perdiz roja, reina de caza menor, que tiene una presión cinegética excesiva en Castilla la Mancha (CLM) —asentamiento que fue siempre de la mitad de las perdices silvestres españolas— y donde van desapareciendo continuamente las perdices de campo, pero mantienen las capturas con perdices de granja. Se ha intentado recuperar a la especie autóctona repoblando con perdices de criadero que es un afán imposible, porque las perdices de granja no crían ni perduran en el campo de un año para otro, excepto algún caso testimonial. Lo cazado cada año en algunas de las principales provincias perdiceras de España (Ciudad Real, Toledo y Albacete) depende de las sueltas, refuerzos y repoblaciones que se ajustan a la demanda. Si observamos las capturas de perdices en CLM durante el periodo de crisis 2008-09 a 2014-15, es evidente que esa caída de un millón de capturas (56%) no la produjo el campo, ya que en este caso no fue quien reguló las capturas, sino la crisis económica que demandó menos cacerías. Terminada la crisis se recuperan las capturas al alza, un 26 %, en las tres temporadas siguientes. Los datos de capturas nos permiten analizar muchas causas de la evolución poblacional de las especies. Si analizamos las capturas anuales de conejos, liebres y otros mamíferos comprobamos rápidamente que, al año siguiente de aparecer una enfermedad o una nueva cepa vírica, las tendencias de capturas sufren una inflexión a la baja con especial incidencia en las comunidades más afectadas por las epidemias.

En todo caso, los datos que presentamos son solo estimaciones de capturas, que con carácter general son muy ajustadas a la realidad, aunque en determinadas comunidades y para ciertas especies los datos se bastardean por algunos titulares que intentan subir o bajar las capturas para ajustarlas a un objetivo concreto de su plan de ordenación, su gancho comercial, su precaución fiscal o su interés personal y ello a pesar de que las capturas de cada coto son datos protegidos. Hay que considerar que la mayoría de cotos en España son los que tienen un aprovechamiento social por los cazadores del término que no suelen tener esas desviaciones apuntadas. El número de cotos de España es de unos treinta y tres mil, y los titulares tienen obligación de dar las capturas. Al tratarse de un muestreo tan numeroso, con un núcleo central de datos ajustado a la realidad, hay más posibilidades de que se compensen las desviaciones estadísticas citadas de algunos al alza y otros a la baja, de tal manera que el sumatorio total se acerque más a la realidad.

Actualmente hay nuevos sistemas de datación por medio de las aplicaciones informáticas (app-móvil), tal como una que diseñó el club de cazadores de becadas (CCB) hace unos catorce años, que ha ampliado ahora para otras especies a manejar en campo, u otra que utiliza la SEO desde hace veinte años para el seguimiento de aves. Actualmente están diseñando programas de aplicación informática las Federaciones Autonómicas de Caza con la Universidad de Córdoba y la fundación Artemisan. Sobre la base de las aplicaciones citadas se puede crear una Red de Cotos Colaboradores de la Federación, que debe distribuirse por todas las comarcas cinegéticas de cada provincia española. Cada Coto Red puede aportar múltiples datos y tiene que manejarse por personas formadas, ya que la precisión es imprescindible para una buena gestión cinegética fundamentada en ellos. Las administraciones autonómicas deben disponer de presupuestos para financiar su red de cotos que será atendida por cazadores voluntarios y potenciar estos nuevos métodos de captación de datos que ellos necesitan manejar como responsables del patrimonio natural y de la gestión medioambiental de su territorio. Somos conscientes de que debemos mejorar los métodos de registro de resultados de caza y el seguimiento poblacional de las especies cinegéticas, apoyándonos en estos medios actuales y en esa red de cotos deseable.

Estas tablas de capturas que adjuntamos se deben a la buena voluntad de algunas personas que hemos hecho posible el manejo de unos datos que son necesarios para la gestión medioambiental y conocer la tendencia de las especies. Nos compensa el amor a la caza sostenible y saber que estos datos de capturas hasta 2018 son únicos y están disponibles para quien necesite utilizarlos.

En Valladolid, a 25 de octubre de 2019

CÓMO USAR ESTE LIBRO

Este libro no es una guía de especies cinegéticas, ni un libro de caza, ni un ensayo científico, pero contiene elementos de los tres estilos. La base de este volumen la constituyen estadísticas de caza, datos sobre el número de piezas declaradas como cobradas por especie en cada provincia y temporada, pacientemente recopilados por José Luis Garrido a lo largo de los últimos veinte años. Para ello, ha contado con la complicidad o al menos la tolerancia benevolente de las distintas administraciones que se ocupan de gestionar los recursos cinegéticos en España. La principal motivación de los autores es poner a disposición del lector interesado la información disponible sobre las tendencias demográficas recientes y sobre la distribución de abundancias actual de algunas de las principales especies cazables en España. Cada especie ocupa un apartado propio con gráficos, mapas e ilustraciones.

Cada especie cuenta, como información principal, con una gráfica que representa la evolución de los resultados de caza por temporada, de 2000/01 a 2017/18, asumiendo que estas cifras varían de manera proporcional a los tamaños poblaciones reales. Estos datos se representan en forma de línea sólida. Cuando ha sido posible, hemos aportado además los datos correspondientes a las temporadas de caza 1980/81 y 1990/91, representándolos como puntos. En algunos casos, hemos añadido líneas de tendencia con las que intentamos predecir el comportamiento esperable de las poblaciones de esa especie en las próximas temporadas. Esta tendencia se representa mediante una línea punteada.

Ejemplo de gráfica de evolución de las capturas

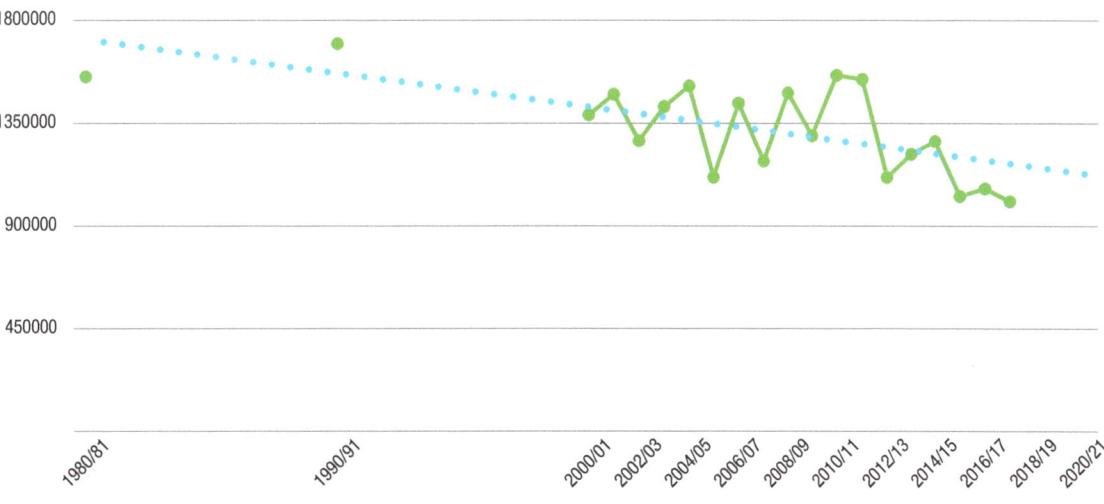

Dos mapas completan la información visual para cada especie. El primero de ellos muestra la evolución reciente, desde 2013/14 a 2017/18, de los resultados de caza por comunidades autónomas. Este mapa permite visualizar de forma rápida dónde están teniendo lugar los mayores cambios, sean descensos o aumentos de los resultados de caza, en el último lustro. El segundo mapa presenta los resultados provinciales de caza para la última temporada, 2017/18, por kilómetro cuadrado de superficie. Este mapa muestra la distribución actual de las abundancias de la especie en cuestión. En ambos mapas se indica como referencia la media nacional. Las distintas categorías en que agrupamos las provincias o CCAA expresan fracciones o múltiplos de esa media (por debajo de la media, duplica la media, etc.).

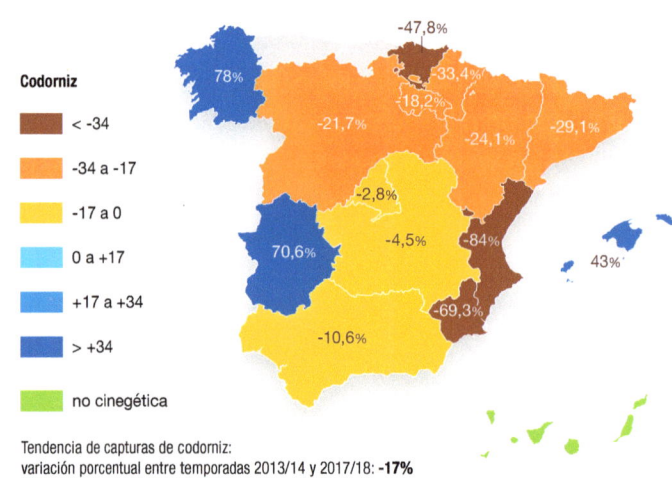

Tendencia de capturas de codorniz:
variación porcentual entre temporadas 2013/14 y 2017/18: **-17%**

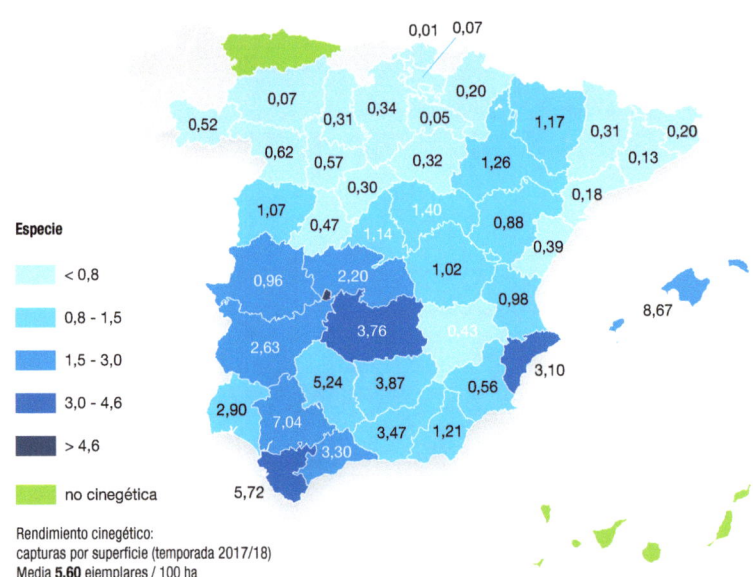

Rendimiento cinegético:
capturas por superficie (temporada 2017/18)
Media **5,60** ejemplares / 100 ha

El texto introductorio y las fotografías que acompañan a cada especie hacen la función de una sencilla guía de campo, pensando sobre todo en el lector no especializado. Se ofrecen datos básicos sobre la biología e importancia de cada especie. Los demás apartados analizan las tendencias demográficas, la distribución de abundancias, las posibles explicaciones a las variaciones espaciales y temporales observadas, así como las implicaciones de esos datos para una óptima gestión de la especie en cuestión.

Al final del libro incluimos un capítulo de discusión, donde reflexionamos sobre los factores que determinan los cambios observados. Defendemos la hipótesis de que algunos de estos factores, generalmente relacionados con la actividad humana, son particularmente relevantes y afectan de forma conjunta a varias especies. Animamos además a pensar en cómo debería ser el seguimiento poblacional de las especies cinegéticas en el siglo XXI. Finalmente, incluimos una lista de referencias bibliográficas, así como un acceso a los apéndices que contienen los datos detallados por comunidad autónoma y por provincia.

RESULTADOS DE CAZA DE LAS ESPECIES CINEGÉTICAS ESPAÑOLAS

PERDIZ ROJA

La perdiz roja (*Alectoris rufa*) es un ave galliforme propia de ambientes mediterráneos que alcanza sus mayores densidades en agrosistemas cerealistas de secano diversos y bien conservados. No obstante, pueden encontrarse perdices en casi cualquier ambiente, desde los semidesiertos a la alta montaña, faltando sólo en los bosques cerrados.

Su dieta incluye abundante materia vegetal si bien los pollos tienen también una alta demanda de invertebrados como fuente de proteína. Es una especie bien adaptada a las pérdidas por depredación o por caza, que compensa mediante su puesta. Tanto hembras como machos pueden incubar un nido e ir seguidos de perdigones. Durante el verano, los pollos necesitan cobertura y alimentación diversa y son muy vulnerables a los depredadores y a otras causas de mortalidad, como algunas parasitosis y la viruela aviar. Los individuos que llegan al otoño han de gestionarse de forma sostenible, ajustando la extracción por caza a la productividad de cada temporada.

Tendencias demográficas

En España se estima que existen entre dos y cuatro millones de parejas reproductoras de perdiz roja, un número que se ve reforzado por la suelta anual de varios millones de perdices de granja (Blanco Aguiar y cols. 2003). Sólo en la provincia de Ciudad Real se llegan a soltar anualmente 800.000 perdices (Caro y cols. 2014). Estas sueltas tan masivas afectan a la perdiz de muchas formas, a través de mecanismos genéticos, sanitarios y de comportamiento, pero además afectan notablemente a la interpretación de tendencias demográficas basadas en resultados de caza. El programa de seguimiento SACRE indica, entre 1998 y 2013, una disminución del 30% de la abundancia media primaveral de perdiz roja (SEO-Birdlife 2013). Los resultados de caza oscilan entre un mínimo de 2.350.000 perdices cazadas en 2013/2014 y un máximo de 4.200.000 en 2005/2006. Interesantemente, ambas fuentes, SACRE y los resultados de caza, señalan los máximos inmediatamente antes de la reciente crisis económica, y los mínimos inmediatamente después. En nuestra opinión, esto podría ser indicativo del efecto de las repoblaciones. Sin embargo, ambas fuentes también coinciden en señalar un progresivo declive de la especie reina de la caza menor sedentaria en España.

Evolución de las capturas de perdiz

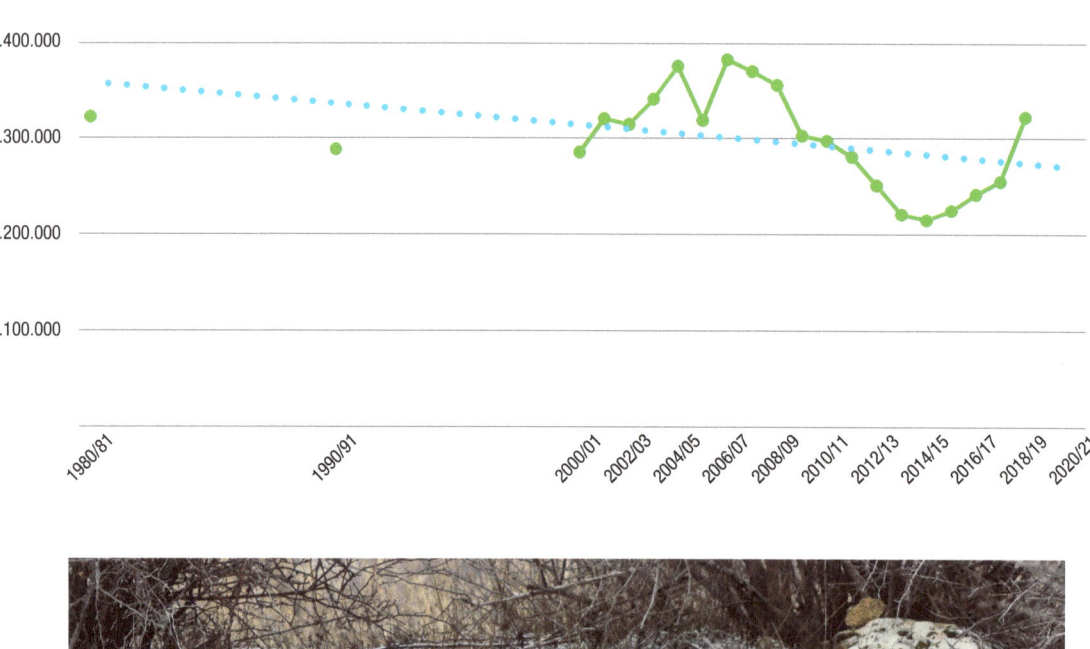

Abundancia por provincia

La perdiz roja se encuentra distribuida por toda la Península Ibérica y por el archipiélago balear. Además, ha sido introducida en Gran Canaria. Cádiz, Sevilla, las dos provincias extremeñas y todas las provincias castellanomanchegas excepto Cuenca cazaron más de 100.000 perdices en la temporada 2017/2018. El máximo correspondió a Ciudad Real, con 417.000 perdices. Los valores más bajos corresponden a las provincias atlánticas, de hábitat menos apropiado para esta especie de marcado carácter mediterráneo.

Mapa de tendencia de capturas:

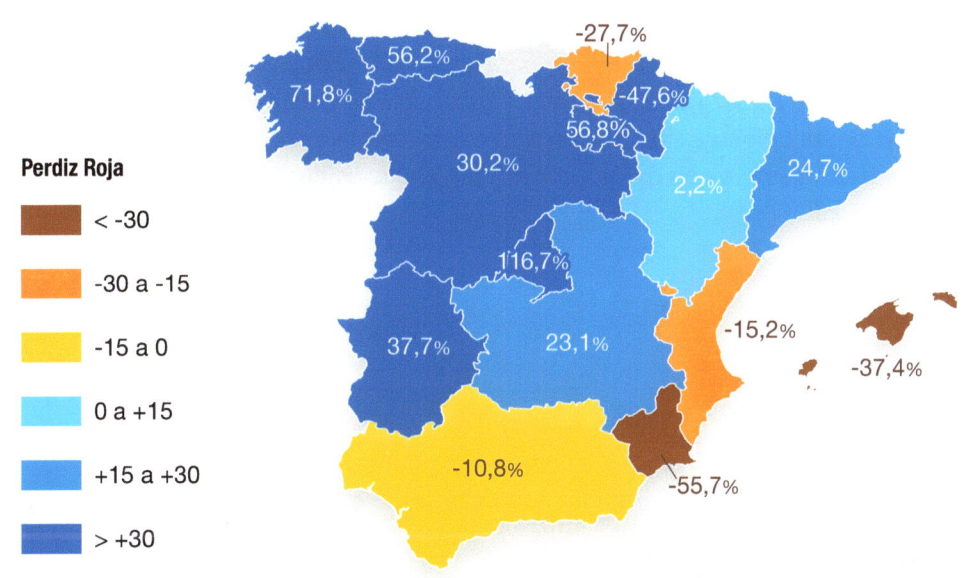

Tendencia de capturas de perdiz:
variación porcentual entre temporadas 2013/14 y 2017/18: **+15%**

Implicaciones para la gestión

La perdiz roja se encuentra afectada por riesgos genéticos y sanitarios derivados de la suelta masiva de perdices de granja, pero también por el uso de semillas blindadas y otras fuentes de pesticidas (López-Antia y cols. 2018) y por la intensificación de la agricultura, así como por el aumento de la superficie forestal ("matorralización") y la consiguiente proliferación de ungulados, que actúan como competidores e incluso predadores oportunistas, como en el caso del jabalí (Carpio y cols. 2015).

A pesar de todo ello, la perdiz todavía es una especie común en España. Y es susceptible de aprovechamiento cinegético. Pero las cifras llaman a la prudencia: cada vez se caza menos (en 2017/2018, un 79% de lo que se cazaba en 1980), y eso a pesar de las sueltas de pájaros de granja. Y, además, poco de lo que queda en el campo es auténtica perdiz roja (Blanco-Aguiar y cols. 2008). En consecuencia, es necesario extremar el cuidado de las poblaciones naturales. Esto es posible, y experiencias como la de la finca Matallana en Valladolid lo demuestran. Con medidas de gestión cinegética y del hábitat en diez años, (1995-2004), consiguieron multiplicar el número de perdices en primavera por 2,6 y en otoño por 5,2, y ello con una extracción parcial de caza (Pérez 2008; Sánchez-García y cols. 2017). Hasta 2008 se mantuvieron esas poblaciones, pero tras ocho años de abandono de gestión y ausencia de caza, aunque sigue la agricultura ecológica, el número de perdices y la productividad por parejas ha caído hasta las existentes al inicio en 1995, tras dos censos realizados en 2016 y 2018, (Pérez 2018).

En las poblaciones naturales, los mayores esfuerzos deben dirigirse al cuidado del hábitat y a la optimización de la gestión cinegética de la perdiz. En otros casos, la necesidad de ofrecer un recurso comercial predecible exigirá recurrir a sueltas masivas de perdiz de granja. El mercado manda. Pero los cotos intensivos de perdiz para ojeo no tienen por qué suponer una merma para la conservación, siendo además una fuente considerable de riqueza para las comarcas donde se asientan. Sólo es cuestión de hacer las cosas con sensatez, vigilando la calidad genética y sanitaria de las sueltas y demostrando, siempre con datos y cifras, los beneficios para la conservación y para la economía rural.

Mapa de capturas por cada 100 ha:

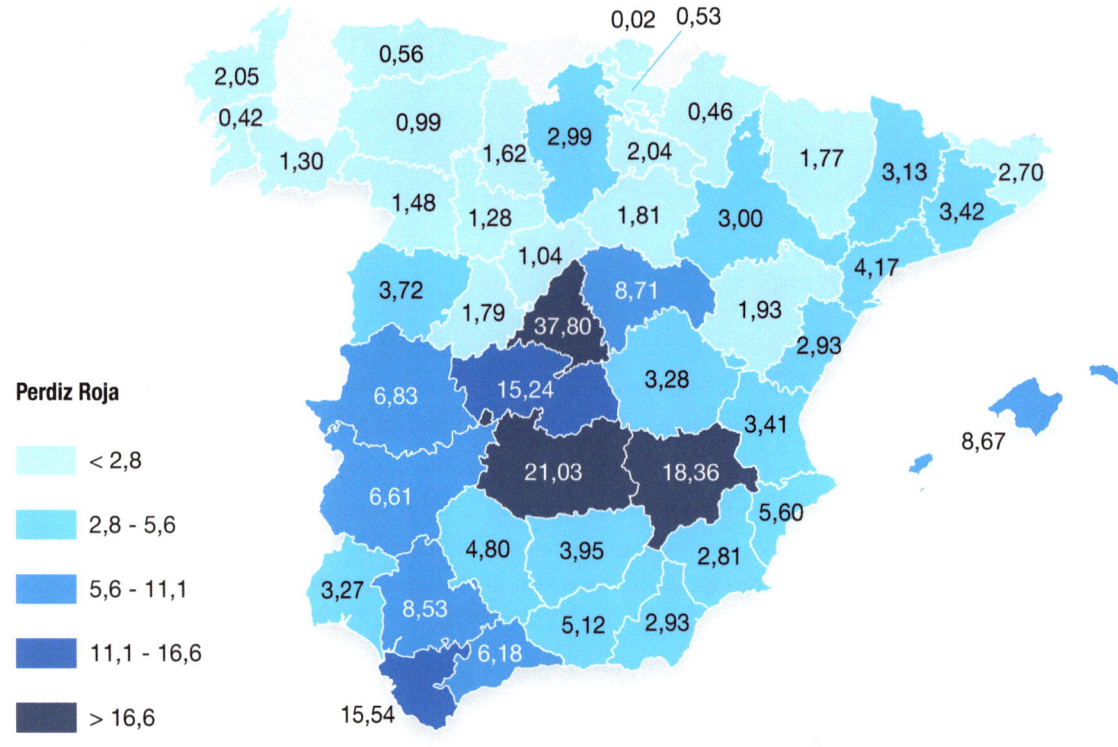

Rendimiento cinegético:
capturas por superficie (temporada 2017/18)
Media **5,60** ejemplares / 100 ha

CODORNIZ

La codorniz (*Coturnix coturnix*) es una pequeña galliforme de la familia de las faisánidas, que apenas alcanza los 115 gramos de peso. Prefiere los pastizales y cultivos herbáceos densos, donde encuentra semillas e invertebrados. Escapa de sus predadores preferentemente apeonando. Es un ave migratoria con poblaciones en Eurasia y en África.

Pone de 6 a 12 huevos por puesta y puede tener varias puestas por temporada dependiendo de la calidad del hábitat y las precipitaciones, lo que da lugar a variaciones locales en su abundancia difíciles de predecir. Las zonas de reproducción óptimas se caracterizan por un hábitat de alta calidad, tienen altas densidades de codornices y proporciones similares de machos jóvenes y adultos (Nadal y cols. 2018). Su estado de conservación es bueno, aunque la tendencia poblacional a nivel global es descendente según la UICN, que estima una población mundial entre 15 y 35 millones de individuos. Este descenso es común a otras especies migratorias que dependen de agrosistemas bien conservados. Su abundancia en época de caza dependerá de factores como la fenología de los cultivos, lluvia, temperatura y altitud (Nadal y cols. 2019). Además, es un ave que se cría con facilidad en cautividad, por lo que existen sueltas, principalmente para su caza inmediata. Estas sueltas pueden constituir un riesgo por hibridación con *C. japonica* (Sánchez-Donoso y cols. 2014).

Implicaciones para la gestión

En consistencia con las tendencias a nivel global, cada vez se cazan menos codornices en España. El descenso todavía no es muy acusado, y las capturas declaradas se mantienen justo por encima del millón de codornices. Pero en la temporada 1990-91 se llegaron a cobrar casi 1.700.000. Además, la tendencia descendente es particularmente acusada entre 2011-12 y 2017-18, con un descenso del 35% en tan solo seis temporadas. Seguramente son dientes de sierra y volverán a subir las cifras, pero conviene prestarles atención.

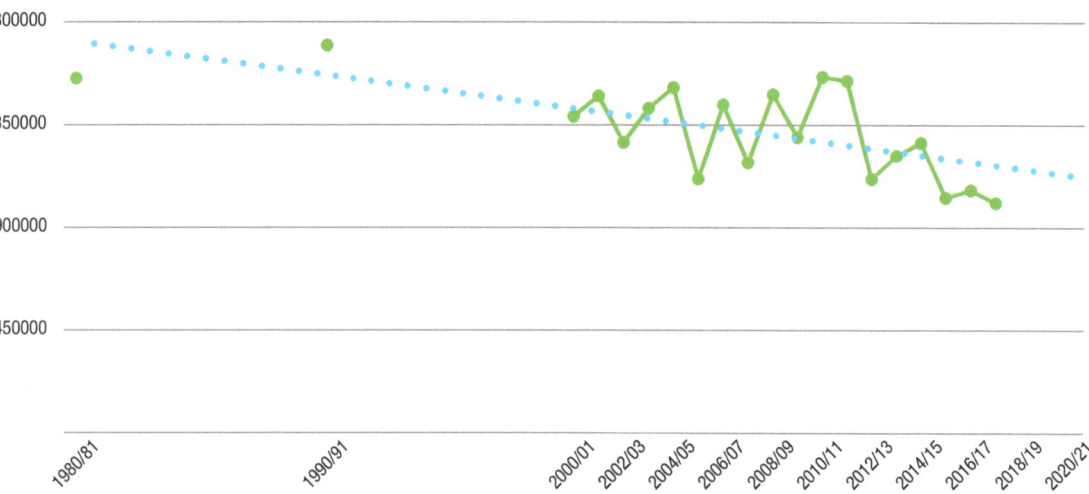

Evolución de las capturas de codorniz

En el mapa de evolución reciente de las capturas por provincia puede observarse que 13 de 16 regiones donde la codorniz es cazable presentan tendencias negativas. Las excepciones son Baleares, Extremadura y Galicia. De hecho, sólo diez provincias presentan tendencias ascendentes en las últimas temporadas, mientras que las capturas declaradas disminuyen en las restantes. El mayor incremento corresponde a Ciudad Real, mientras que los descensos más acusados se observan en Lérida y en el arco mediterráneo, de Castellón a Murcia.

Mapa de tendencia de capturas:

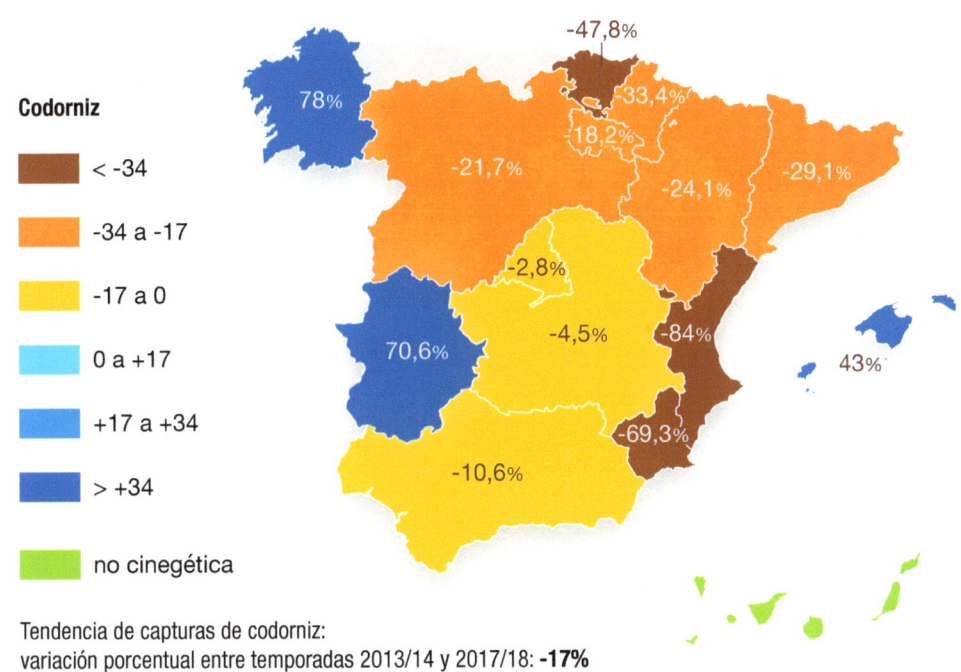

Tendencia de capturas de codorniz:
variación porcentual entre temporadas 2013/14 y 2017/18: **-17%**

Abundancia por provincia

Actualmente, la codorniz es una especie cazable en toda España con la única excepción de las Islas Canarias, si bien las capturas son testimoniales en todas las provincias atlánticas. Castilla y León es, de siempre, la región con mayores perchas, con capturas anuales entre 374.000 y 700.000 codornices por temporada, lejos ya de las 858.000 cobradas en 1980-81. En el último lustro, las provincias más codorniceras fueron Burgos, Zaragoza, Guadalajara, Soria y Palencia.

Implicaciones para la gestión

En la interpretación de datos sobre caza de codorniz hay que considerar las sueltas. La necesidad de caza motivada entre otras causas por el incremento de licencias de los años 1990 impulsó la creación de las granjas de producción de aves cinegéticas de los últimos 20 años del siglo pasado, primero de perdiz y faisán y unos años más tarde, también de codorniz. Se trata principalmente se sueltas para cacerías inmediatas y para entrenamiento de cazadores y perros. Según el Registro General de Explotaciones Ganaderas (REGA), en diciembre de 2007 estaban registradas 334 granjas de codorniz, de las que 40 eran "para caza para repoblación". En 2006 según el Ministerio de Agricultura se liberaron 157.000 codornices aunque se puntualiza que sólo se recogieron datos de 16 provincias. La estimación de la suelta de codornices en 2007 estaba entre 200.000 y 500.000 aves (Sánchez Gracía-Abad y cols. 2007).

Codorniz

Mapa de capturas por cada 100 ha:

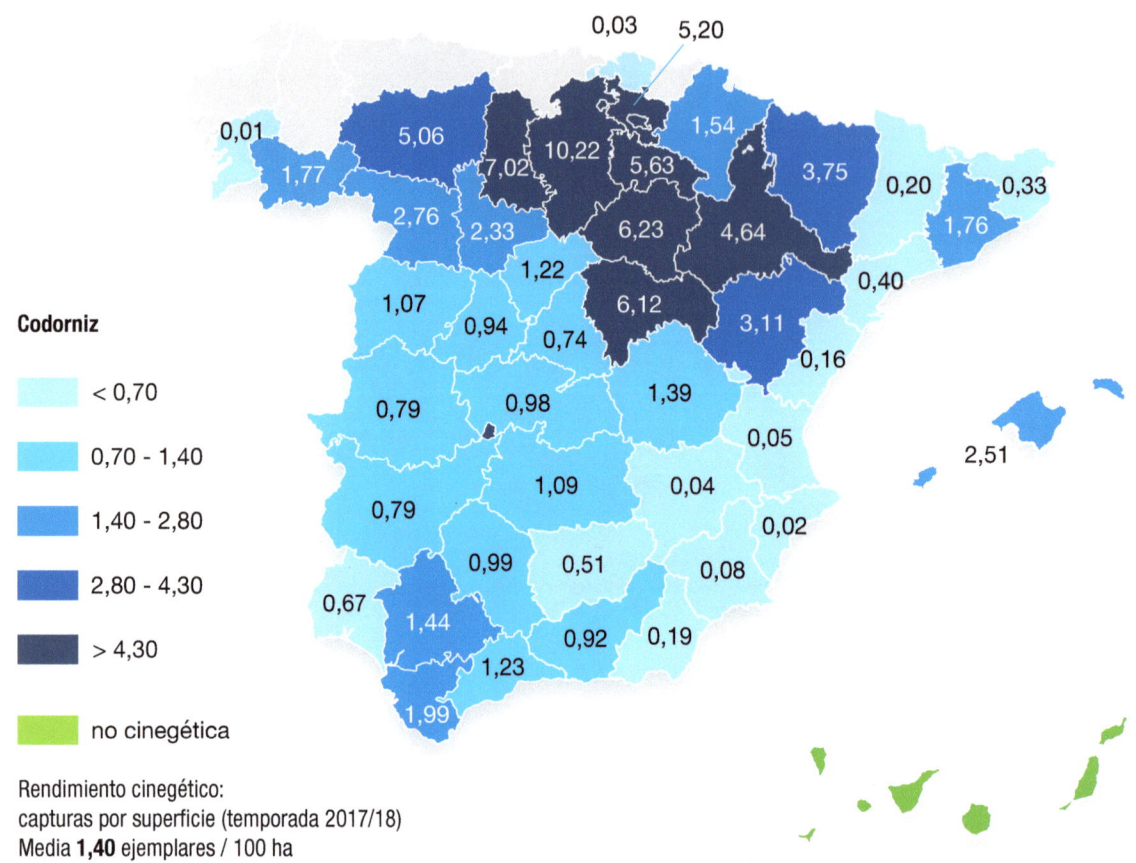

Codorniz

- < 0,70
- 0,70 - 1,40
- 1,40 - 2,80
- 2,80 - 4,30
- > 4,30
- no cinegética

Rendimiento cinegético:
capturas por superficie (temporada 2017/18)
Media **1,40** ejemplares / 100 ha

En cuanto a las poblaciones naturales, que son las valiosas, al tratarse de una especie que realiza desplazamientos poco predecibles y además muy flexible en su esfuerzo reproductor, cuenta con la ventaja de poder recuperar población de forma rápida cuando encuentra las condiciones adecuadas. En contrapartida, existen situaciones donde los pocos hábitats favorables disponibles generan una gran atracción sobre las codornices. Estas altas concentraciones deben gestionarse con prudencia para no afectar en exceso a la población.

TÓRTOLA

La tórtola común o europea (*Streptopelia turtur*) es una pequeña paloma migratoria que cría en la cuenca mediterránea y Europa central, e inverna al sur del Sáhara. Las poblaciones occidentales cruzan la Península Ibérica en sus migraciones. Se trata de un ave granívora que depende de agrosistemas diversificados con abundantes cultivos anuales y bosques abiertos para su alimentación, así como de la disponibilidad de arbolado apropiado para la nidificación. Es poco prolífica pues su puesta no suele exceder los dos huevos, pero suele poner varias puestas por temporada, por lo que una pareja con éxito sacará adelante dos pollos por temporada.

La mayor población europea de tórtola común se encuentra en la Península Ibérica, donde se estima que hay más de dos millones de individuos reproductores. Esta especie sufre un declive rápido y preocupante en todo su rango de distribución occidental, que, en los países para los que hay información cuantitativa de esos años, parece haber sido especialmente marcado entre 1980 y 1990, aunque todavía se mantiene. El resultado es una abundancia actual (2016) en torno al 20% de la abundancia estimada para 1980, es decir, se han perdido 4 de cada 5 tórtolas europeas (https://pecbms.info/trends-and-indicators/species-trends/species/streptopelia-turtur/). La UICN la clasifica como vulnerable. La principal causa son los cambios en el uso del suelo que afectan a la disponibilidad de hábitats apropiados para la cría y a la disponibilidad de alimento. Pero también la caza en exceso (Moreno-Zarate y cols. 2017), los predadores, y enfermedades como la tricomonosis (Stockdale y cols. 2014), pueden contribuir al declive de las tórtolas.

Tendencias demográficas

A lo largo de las 13 temporadas de caza para las que se dispone de información, el número declarado de tórtolas cobradas en España ha oscilado entre las 668.000 en la temporada 2005/06 y las 957.336 declaradas en 2008/09. Desde esa temporada, las cifras declaradas vienen disminuyendo muy lentamente, a razón de un 2% anual en promedio. Estas cifras seguramente representan mínimos y en cualquier caso no coinciden con otras estimas más finas de resultados de caza de tórtola, como comentaremos en el capítulo final de este libro.

Evolución de las capturas de tórtola

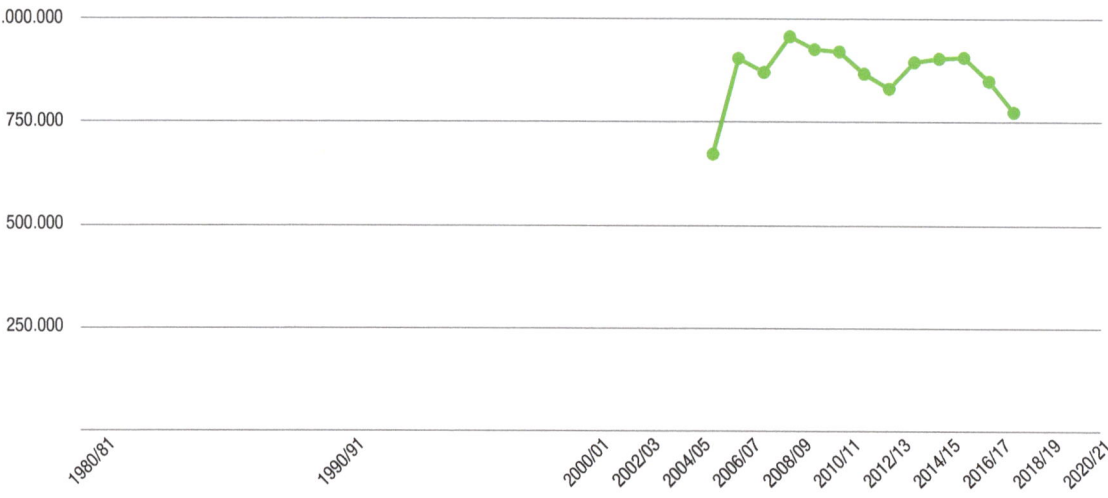

En cuanto a la evolución reciente de las capturas por provincia puede observarse que la mayor parte de ellas, treinta, presenta una tendencia negativa, mientras que 13 cuentan con resultados estables o en aumento. En las demás, su caza es testimonial o inexistente. Las disminuciones más acentuadas se observan en las provincias de Barcelona (81% de reducción), Gerona (78%) y Murcia (68%). En el otro extremo, Orense triplica resultados (315%) y Albacete casi los duplica (190%). Por comunidades autónomas, Galicia, País Vasco, Baleares y Madrid mejoran resultados, mientras que todas las demás empeoran, incluidas todas las del litoral de levante: Cataluña (68% de disminución), Comunidad Valenciana (26%), Murcia (68%) y Andalucía (9%). También es interesante observar que los resultados disminuyen en 12 de 16 provincias de las regiones del sur, que son las que más tórtolas aportan al resultado nacional.

En resumen, en las últimas temporadas España no parece escapar a la tendencia general al declive de las abundancias de tórtola. Las posibles causas ya se han esbozado, y cabe pensar que las regiones con más cambios recientes en su agricultura y su medio natural, posiblemente las del levante peninsular, señalen lo que cabe esperar de la evolución futura de esta especie en otras regiones.

Abundancia por provincia

Es importante prestar atención a las provincias y regiones que más contribuyen al resultado anual de caza de tórtolas. Para la temporada 2017/18 se trata de Andalucía, con casi 375.000, seguida por Castilla – La Mancha (casi 150.000) y Extremadura, con 75.000. En estas tres comunidades se caza el 68% del total de tórtolas declaradas en España. Las provincias con mayor número de capturas declaradas fueron Sevilla (99.194 tórtolas), Ciudad Real (74.669) y Córdoba (72.359). En Asturias hace años que la tórtola no es cazable.

Mapa de tendencia de capturas:

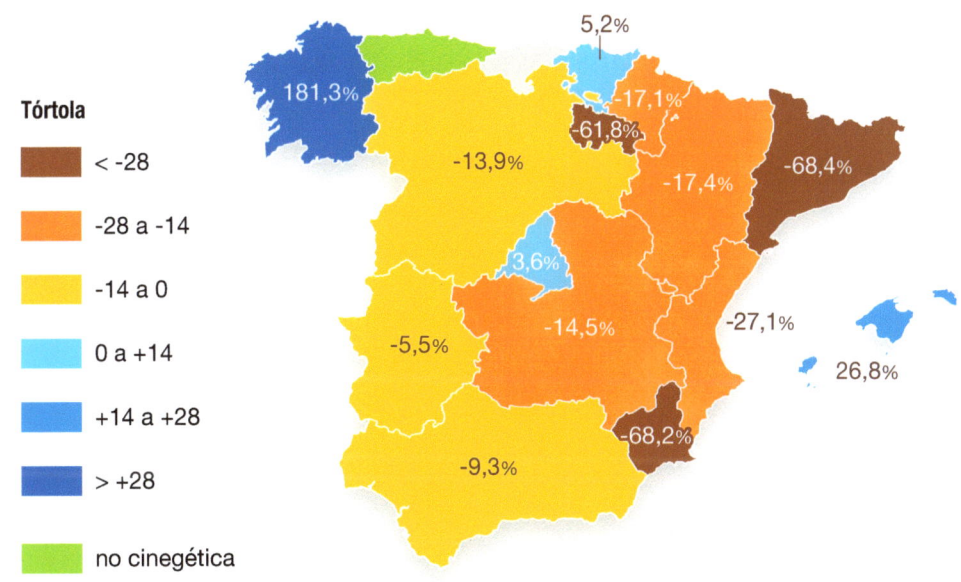

Tendencia de capturas de tórtola:
variación porcentual entre temporadas 2013/14 y 2017/18: **-14%**

Implicaciones para la gestión

La tórtola es víctima, principalmente, de cambios progresivos en los usos del suelo, y eso es difícil de revertir. Apenas van quedando bosques abiertos, donde el estrato herbáceo domina sobre el arbustivo. Se trata de la "matorralización", que tanto beneficia a otras especies como el jabalí. En los terrenos cultivados de forma intensiva ocurre al revés: sobran zonas de alimentación pero se pierden los linderos y bosques galería que ofrecerían lugares de nidificación a las tórtolas. Para mejorar su hábitat deben promoverse áreas cultivadas con cereales o leguminosas cerca de las masas forestales o cultivos leñosos donde nidifican. En bosques abiertos y su entorno es recomendable mejorar la disponibilidad de algunas especies herbáceas, por ejemplo, a través del manejo del pastoreo (Gutiérrez-Galán y cols. 2018). Es posible que también resulte positivo suministrar semillas (trigo, girasol) para los adultos al comienzo de la temporada de reproducción (Dunn y cols. 2018). Y sería ideal lograr además reducir las pérdidas producidas en los nidos, por ejemplo, por ratas, allá donde se produzcan. Y evitar las bajas debidas a enfermedades, de las cuales ni tan siquiera sabemos lo suficiente.

Siendo realistas, a la caza de la tórtola le quedan pocos años. La disminución en el número de tórtolas cazadas es más lenta que la disminución de sus poblaciones. Por ello, reducir los cupos, acortar y atrasar la caza en media veda, y limitar y supervisar la caza en cebaderos parecen recomendaciones sensatas cuya aceptación hablará bien del sentido conservacionista del sector de la caza. Y lo peor es que, "macrotiradas" y viajes a Marruecos aparte, vedar su caza por completo no servirá de mucho en términos de recuperación de sus poblaciones. Revertir las tendencias actuales de cambio del hábitat exige trabajar a gran escala, y, aunque existen esfuerzos loables como el proyecto PIRTE (https://www.fundacionartemisan.com/wp-content/uploads/2018/07/Documento-completo.-17-07-2018.pdf), sólo logran implicar a unos pocos entusiastas.

Mapa de capturas por cada 100 ha:

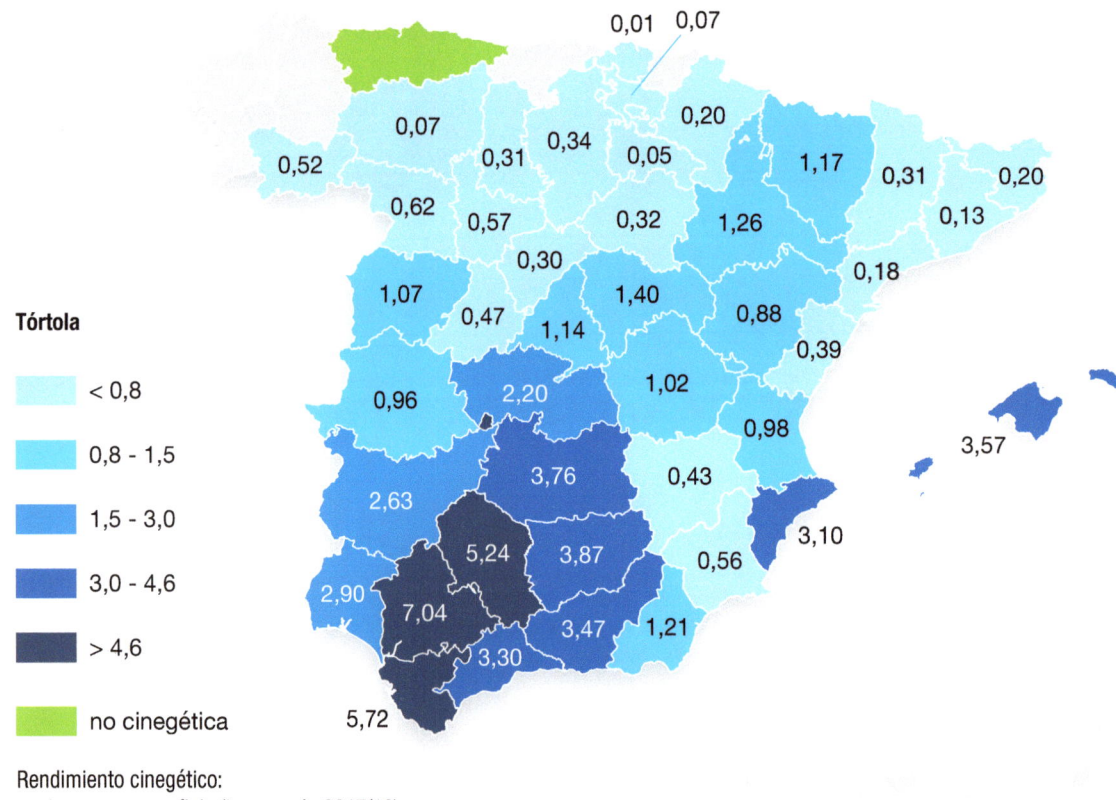

Rendimiento cinegético:
capturas por superficie (temporada 2017/18)
Media **1,53** ejemplares / 100 ha

BECADA

La becada, sorda o chocha perdiz (*Scolopax rusticola*) es un ave limícola, pariente de chorlitos y correlimos, que prefiere como hábitat los bosques húmedos. Pesa entre 250 y 500 gramos. Su plumaje críptico le ayuda a pasar desapercibida en el suelo del bosque, donde se confunde con la hojarasca.

De noche se desplaza a claros y prados cercanos en busca de las lombrices e invertebrados que le sirven de alimento. La nidificación, normalmente una sola puesta, puede tener lugar entre marzo y julio (Lucio y Sáenz de Buruaga 2000). Un estudio británico estimó las tasas de supervivencia de los nidos en 41% (puesta + incubación), y las de supervivencia de pollos en 56%, resultando en una modesta producción anual de 1,8 pollos volantones por hembra (Hoodless y Coulson 1998). Es migratoria y la mayor parte de sus poblaciones occidentales inverna en el sur de Francia y la Península Ibérica. Presentan fidelidad al lugar de invernada. Las becadas que se cazan en España pasan principalmente por el sur del Báltico, Alemania y Francia (Guzmán y cols. 2011), y proceden del centro-este de Europa y de la región báltica (Hobson y cols. 2013), pero también de territorio ruso al este de Moscú, con datos extremos que alcanzan el centro de Siberia (Arizaga y cols. 2014). Las heladas fuertes pueden provocar desplazamientos adicionales llamados "migraciones de fuga" (Péron y cols. 2011). En España sólo crían algo menos de 10.000 parejas, principalmente en ambientes más húmedos del norte peninsular. Entre sus enemigos naturales están los zorros, algunos mustélidos y los gatos.

Tendencias demográficas

En la vecina Francia, los índices de caza vienen aumentando lentamente en el periodo 1996-2014 (https://www.fdc06.fr/images/stories/PDF/Suivi_faune/animaux/Bilan_CNB_2015.pdf). En España se vienen declarando entre 101.000 y 160.000 becadas cobradas por temporada, sin que se observe un patrón regular. Por comunidades autónomas, los mayores incrementos de la última década corresponden al País Vasco, Galicia y Aragón, mientras que los mayores descensos se observan en la Comunidad Valenciana y Baleares, regiones que han reducido progresivamente el número de becadas cazadas hasta quedar en menos de la mitad.

Evolución de las capturas de becada

Abundancia por provincia

Burgos y Navarra, con más de 9.000 becadas por temporada, seguidas de Huesca, Baleares y Soria, con más de 5.000, son las provincias más becaderas. Asturias anda cerca, aunque sólo superó las 5.000 en la temporada 2017/18, y Cantabria no dispone de información completa. Las provincias con poca caza de becadas son Almería, Cáceres y Badajoz, Toledo y Albacete. En Canarias existe una pequeña población reproductora y no se permite su caza.

Mapa de tendencia de capturas:

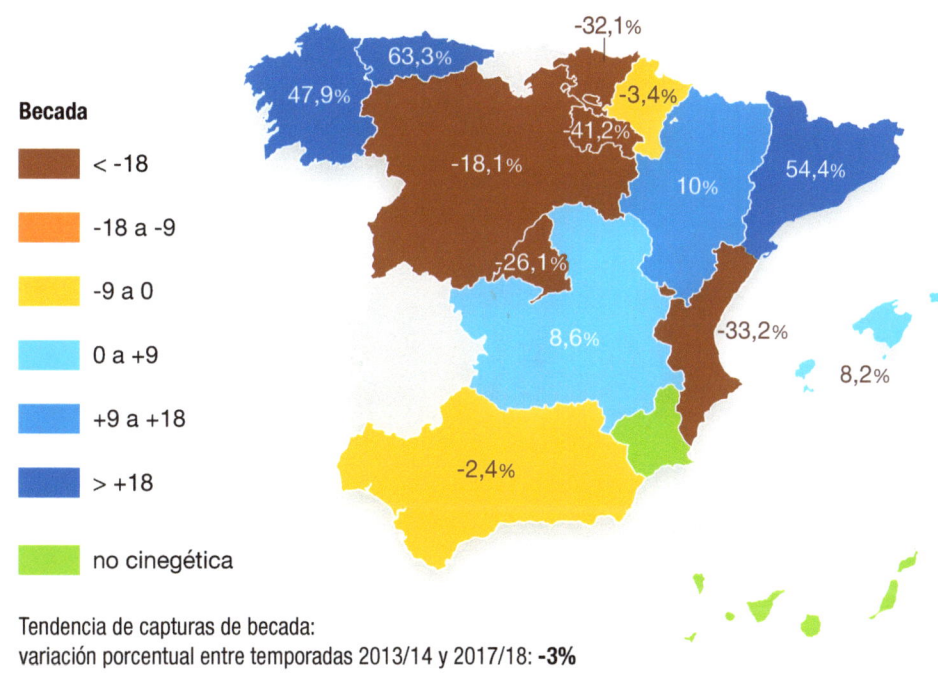

Tendencia de capturas de becada:
variación porcentual entre temporadas 2013/14 y 2017/18: **-3%**

Implicaciones para la gestión

Las becadas tienen una baja supervivencia anual, y sus poblaciones pueden verse muy afectadas por los inviernos severos (Péron y cols. 2011). Por ello, los gestores deben prestar especial atención a las situaciones excepcionales, en las que las heladas persistentes desplacen temporalmente grandes efectivos de becadas hacia zonas más templadas. Hace un par de décadas se cazaban anualmente en Europa 3-4 millones de becadas, un tercio de ellas en Francia (Ferrand y Gossmann 2001). Dado que España y Francia comparten la misma población invernante, la gestión cinegética de las becadas también debería coordinarse en cuanto a fechas y cupos. Una comparación

de las supervivencias de becadas en Guipúzcoa, donde se caza todos los días de la temporada, con Álava, donde la becada sólo se caza tres días por semana, reveló una supervivencia anual casi doble en Álava (0.56 vs. 0.37; Prieto y cols. 2019). Reducir los cupos, acortar las temporadas, o crear reservas podría ayudar al manejo sostenible de las poblaciones de becada (Duriez y cols. 2005).

Mapa de capturas por cada 100 ha:

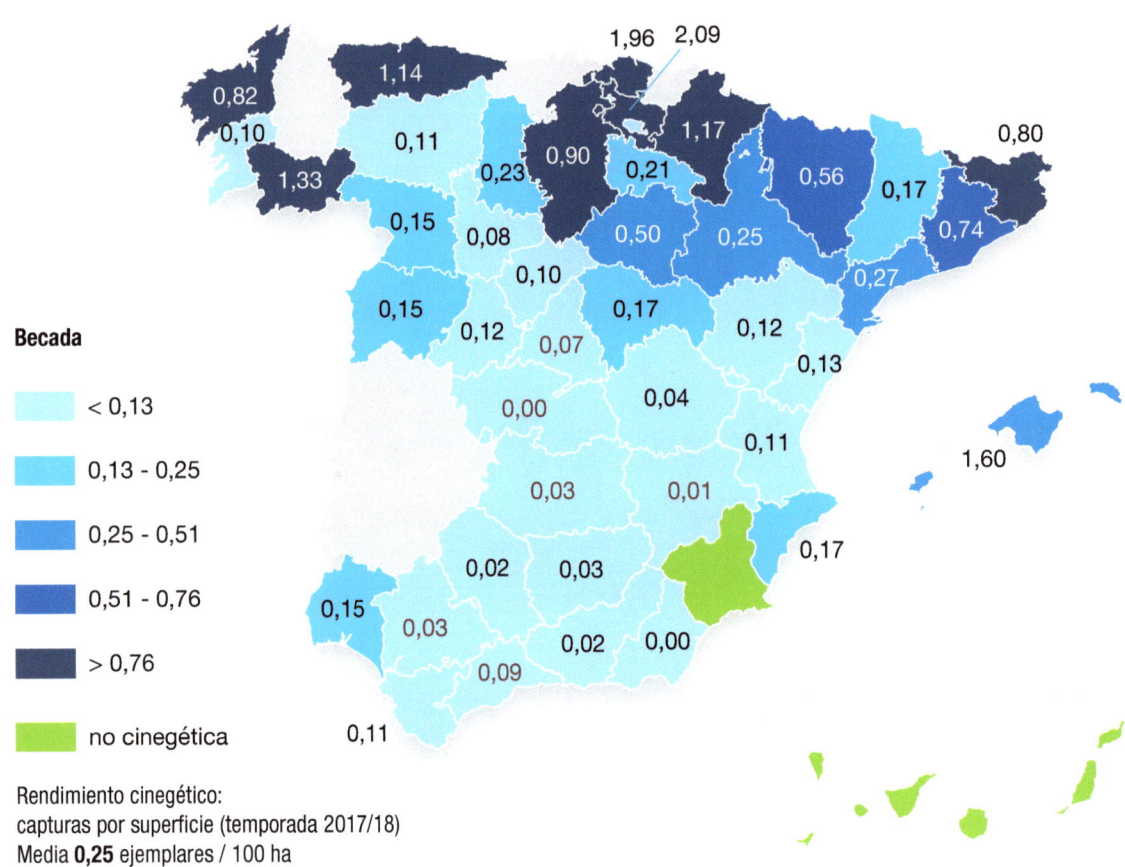

Becada
- < 0,13
- 0,13 - 0,25
- 0,25 - 0,51
- 0,51 - 0,76
- > 0,76
- no cinegética

Rendimiento cinegético:
capturas por superficie (temporada 2017/18)
Media **0,25** ejemplares / 100 ha

ZORZALES

España cuenta con cuatro especies de zorzal, el común (*Turdus philomelos*) y el charlo (*T. viscivorus*) que son reproductores además de recibir abundantes efectivos invernantes, así como los zorzales alirrojo (*T. iliacus*) y real (*T. pilaris*), que son solamente invernantes y pueden encontrarse de octubre a marzo.

Su peso varía en función de la especie entre 50 y 170 gramos, y su caza es popular sobre todo en los países mediterráneos. Los zorzales son omnívoros, aprovechando frutos sobre todo en otoño e invierno, e invertebrados como caracoles, lombrices o insectos en primavera y verano. Pueden poner varias puestas en primavera, normalmente de unos 4-5 huevos. Entre sus enemigos naturales están azores y gavilanes, carnívoros silvestres como martas, garduñas y ginetas, y cómo no… los gatos.

Tendencias demográficas

En España existe cierta disparidad entre las tendencias de los resultados de caza, que sugieren una disminución notable de la "cosecha" de zorzales, y los datos de seguimientos de aves de SEO, que indican una situación estable o incluso al alza (SEO-Birdlife 2013). En Gran Bretaña existen seguimientos a largo plazo que señalan un fuerte declive del zorzal común entre 1968 y 2000. En este declive intervendrían como causas los cambios en las prácticas agrícolas, los pesticidas y los depredadores, principalmente causando una menor supervivencia de los juveniles. Las condiciones climáticas adversas se perciben como factor contribuyente, pero no como principal impulsor de esa disminución (Robinson y cols. 2004, 2014). Esos datos del Reino Unido contrastan con los resultados del seguimiento de aves comunes en el conjunto de Europa, que para el periodo 1980-2016 indican poblaciones estables de charlos y reales, ligeramente descendentes para alirrojos y ligeramente ascendentes para los zorzales comunes, que son los más cazados en España (https://pecbms.info/trends-and-indicators/species-trends/species/turdus-iliacus,turdus-philomelos,turdus-pilaris,turdus-viscivorus/). No obstante, es conocido que las condiciones climatológicas afectan a las fechas de migración (Hubálek 2004), y podrían contribuir a una menor invernada de zorzales en España, o al menos explicar un retraso y acortamiento de la invernada. El caso es que en toda España se declararon en 2017/18 solamente 3.991.000 zorzales, un 61% de los casi 6,5 millones cazados en 2006/07.

Evolución de las capturas de zorzales

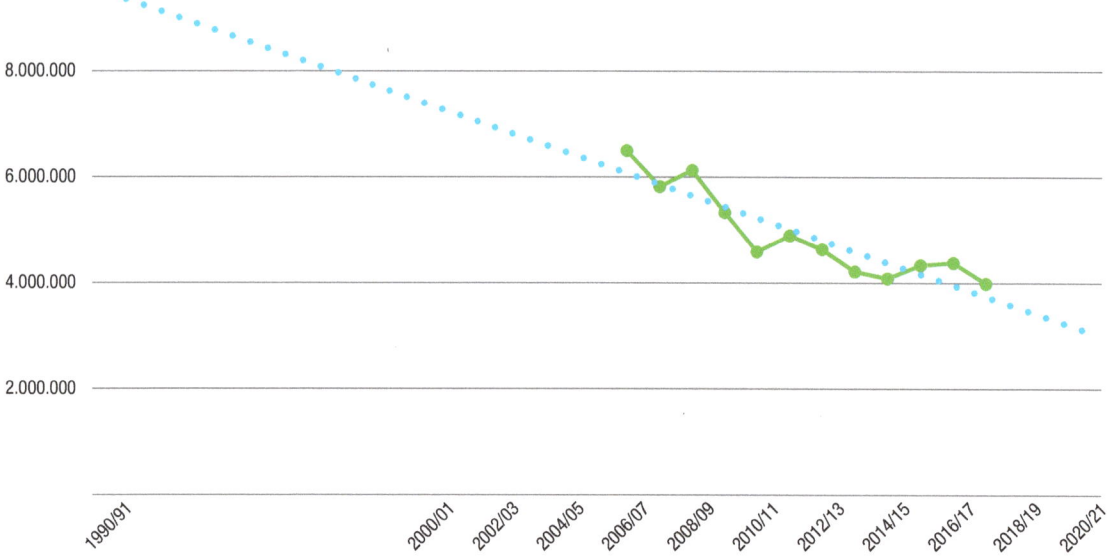

En el mapa de evolución reciente de las capturas por provincia puede observarse un descenso continuado y especialmente notable en Baleares, donde en 2017/18 se cazaron menos de la mitad de los zorzales cazados sólo 5 temporadas antes. En las demás provincias la tendencia es más estable, aunque cabe señalar que esta tendencia también es negativa en 6 de las 8 provincias andaluzas, otra de las principales regiones en cuanto a la caza del zorzal en España.

Zorzales

Abundancia por provincia

Baleares, Castellón, Tarragona, Sevilla y Toledo son las provincias qué más zorzales cazan por temporada, superando ampliamente los 200.000 por temporada en cada una. En el otro extremo se encuentran León, Palencia y Zamora, donde se cazan menos de 2.000 zorzales por temporada. Los zorzales no son cazables en Asturias, no hay datos para Cantabria y tres provincias gallegas, y en Canarias no los hay.

Mapa de tendencia de capturas:

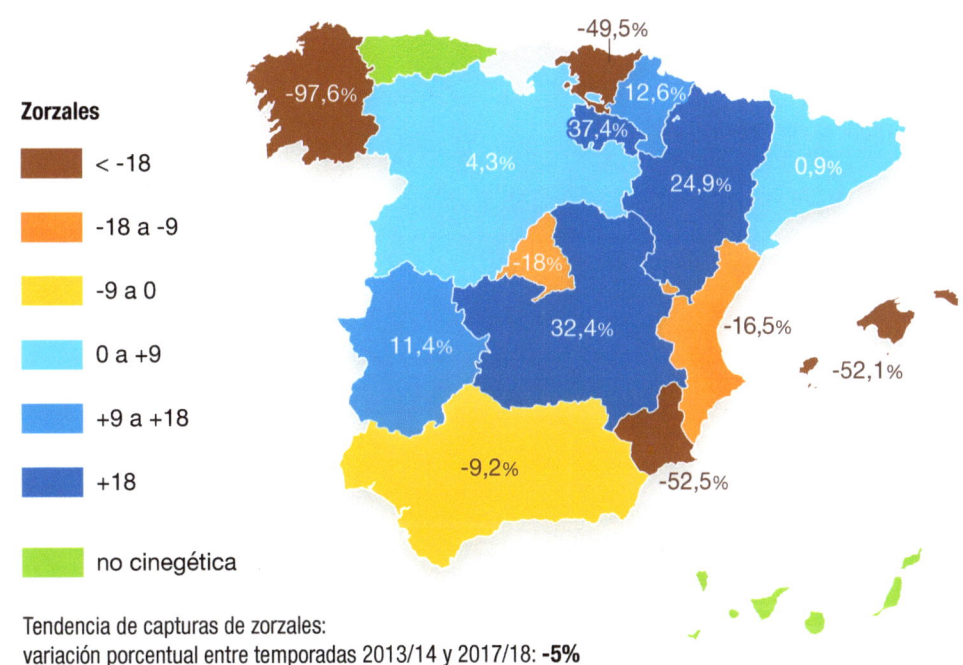

Tendencia de capturas de zorzales:
variación porcentual entre temporadas 2013/14 y 2017/18: **-5%**

Implicaciones para la gestión

La caza de zorzales es sostenible ya que sus poblaciones europeas e ibéricas con estables. Entre las modalidades tradicionales de caza de zorzales en España destaca el "parany" en la Comunidad Valenciana y las redes al paso ("filats de coll") en Mallorca. Según una revisión, entre 1988 y 2001 se capturaron en la CV en 5.000 paranys unos 1,5 millones de zorzales, además de medio millón de otras aves no cinegéticas (Murgui 2014). Realmente, esa cifra de zorzales no parece muy alta considerando que en 2006/2007 se declararon en la CV 2.220.000 zorzales cazados, sin ir más lejos. La crítica con más peso es la posible falta de selectividad de la caza en "parany". Sea como fuere, es posible que las progresivas limitaciones a la tradición del "parany" hayan contribuido al notable descenso de las capturas de zorzal en la CV, que actualmente apenas superan los 600.000 por temporada.

Mapa de capturas por cada 100 ha:

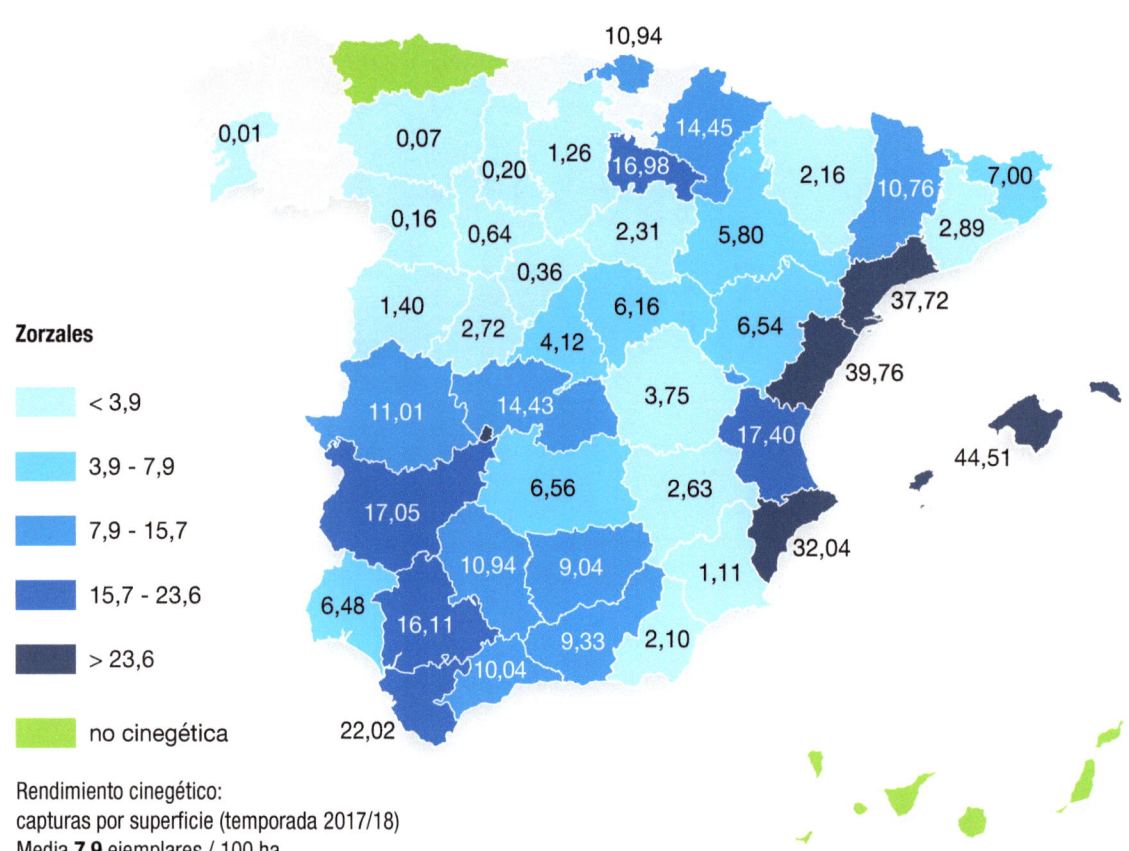

Zorzales
- < 3,9
- 3,9 - 7,9
- 7,9 - 15,7
- 15,7 - 23,6
- > 23,6
- no cinegética

Rendimiento cinegético:
capturas por superficie (temporada 2017/18)
Media **7,9** ejemplares / 100 ha

CONEJO

El conejo (*Oryctolagus cuniculus*) es originario de la Península Ibérica, donde se ha diferenciado en dos subespecies: La del suroeste, más pequeña, *O.c. algirus*, y la del noreste, *O.c. cuniculus*. Esta última ha dado lugar al conejo doméstico y ha sido introducida con éxito en numerosas regiones del mundo. En Canarias es una especie introducida que genera conflictos de conservación (Garzón-Machado y cols. 2010).

Se trata de un lagomorfo, el orden de las picas, los conejos y las liebres, consumidor de plantas herbáceas y de raíces, y extremadamente adaptable a periodos de escasez. Esta especie clave de la Iberia mediterránea (Delibes-Mateos y cols. 2008) prefiere los ecosistemas cerealistas de secano, con suelos blandos y profundos para facilitar la construcción de madrigueras. Es precoz y prolífico, dos condiciones que pueden convertirle con facilidad en especie plaga: las hembras pueden alcanzar la edad reproductora mucho antes de cumplir el primer año de vida, para gestar entre 3 y 5 crías. En condiciones óptimas de disponibilidad de alimento, una coneja puede criar varias veces al año. Normalmente, sin embargo, la reproducción apenas ocurre en los meses más cálidos, por falta de alimento, ni tampoco en los meses más fríos. Los gazapos, pero también los conejos adultos, son la fuente principal de alimento de numerosos predadores, tanto aves como mamíferos. Algunos, como el lince o el águila imperial, se han especializado tanto en su consumo que apenas logran mantener sus poblaciones en ausencia de esta presa. Su esperanza de vida es escasa.

Tendencias demográficas

El conejo es una de las principales especies de caza en España. El número de piezas declaradas nunca ha bajado de los cuatro millones, pero a lo largo de las últimas décadas se han producido variaciones muy significativas, principalmente debidas a la aparición de enfermedades víricas emergentes. La mixomatosis, causada por un poxvirus introducido desde América, diezmó las poblaciones de conejo a partir de finales de los años cincuenta. Esto causó, a lo largo de las siguientes dos décadas, el primer gran declive no sólo del conejo, sino también de sus depredadores especialistas. La cifra declarada en 1980, 6.635.000 conejos, seguramente corresponde a una recuperación lenta pero progresiva de las abundancias anteriores a la mixomatosis. Posteriormente, en 1988/89, apareció en Europa una nueva enfermedad vírica del conejo, la enfermedad hemorrágica (EHC), causada por un calicivirus de origen chino. El dato de conejos cazados en 1990, un total de 7.135.109, seguramente es menor al de pocos años antes, y probablemente descendió aún más en las temporadas siguientes. Entre los años 2000 y 2002, las poblaciones españolas de conejo alcanzaron un mínimo, con resultados de caza que no superaban los 4,5 millones por temporada. A partir de 2003 se produjo una paulatina recuperación, con un máximo de más de 7 millones en 2009, es decir, niveles equivalentes a los de 1990. Sin embargo, en 2011 emergió una nueva variante del virus de la EHC. Esto dio lugar a una nueva disminución de

Evolución de las capturas de conejo

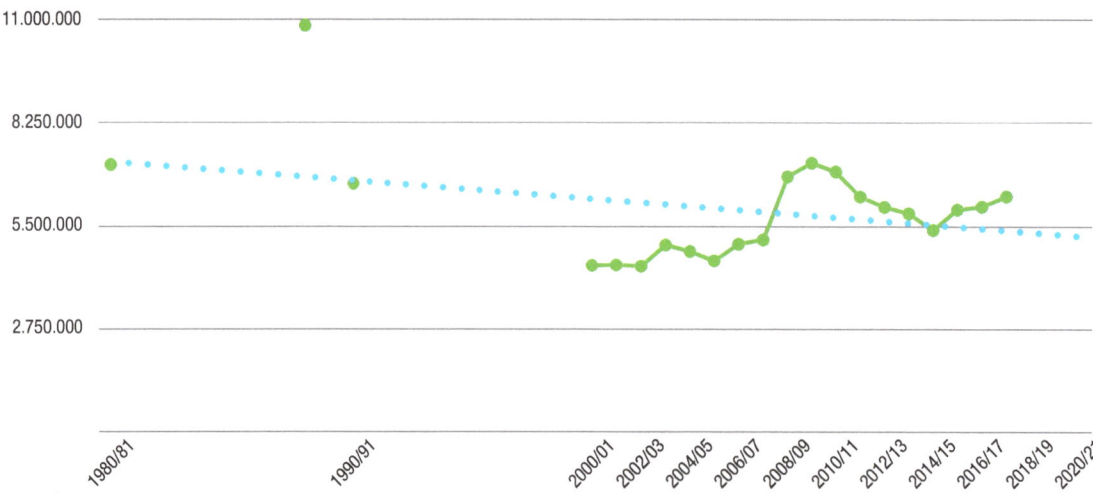

las capturas, hasta alcanzar un nuevo mínimo (5.400.000) en 2014. Desde entonces, las capturas se vienen recuperando temporada tras temporada, hasta que emerja la próxima epidemia. En definitiva, las poblaciones de conejo fluctúan en dientes de sierra en función, principalmente, de las epidemias. La mala noticia es que, por la razón que sea, el intervalo entre epidemias es cada vez más corto: 30 años entre mixomatosis y EHC; 15 entre EHC y la nueva variante. La buena, al menos para cazadores y conservacionistas, es que la recuperación de las poblaciones de conejo también parece cada vez más rápida.

El mapa de evolución reciente de las capturas de conejo por provincia muestra una situación francamente variable. En el último lustro, veintidós provincias presentan tendencias descendentes (principalmente en el sur y el este), mientras 20 (mayormente en el norte peninsular) presentan tendencias ascendentes. Los extremos corresponden a Ciudad Real, Zaragoza y Burgos en el lado positivo, y Valencia, Badajoz y Pontevedra por el negativo. En definitiva, el patrón general de recuperación progresiva de las cifras de captura de conejos en España no es homogéneo. Por comunidades, Murcia (44% de disminución), Extremadura (38%) y Baleares (34%), presentaron las mayores disminuciones, mientras Aragón (195% de incremento) y Castilla y león (167%) presentaron los mayores crecimientos en los resultados de caza de conejo.

Es difícil identificar las causas, tanto para las poblaciones en crecimiento como para las que disminuyen. Ciudad Real, Zaragoza y Burgos tienen en común la abundancia de agrosistemas cerealistas de secano, con suelos blandos y profundos, así como de infraestructuras lineales, que pueden ofrecer refugio al conejo. Casi todo el valle del Ebro presenta poblaciones crecientes. Para las provincias donde disminuyen las capturas no parece haber un patrón común. Interesantemente, todas las provincias andaluzas menos Jaén presentan tendencias poblacionales negativas en el último lustro, y lo mismo ocurre con Extremadura.

Abundancia por provincia

El conejo se encuentra distribuido de forma natural por toda la Península Ibérica y Baleares, y ha sido introducido en las Canarias. Las mayores cifras de caza coinciden con las provincias manchegas de Albacete (447.108 conejos cazados en 2017/2018), Ciudad Real (514.986), Cuenca (655.042) y Toledo (731.416), y además Zaragoza (479.714). En estas cinco provincias se cobran casi la mitad (45%) de los conejos cazados anualmente en España. Por el contrario, las abundancias son bajas en las provincias atlánticas, de hábitat menos favorable.

Mapa de tendencia de capturas:

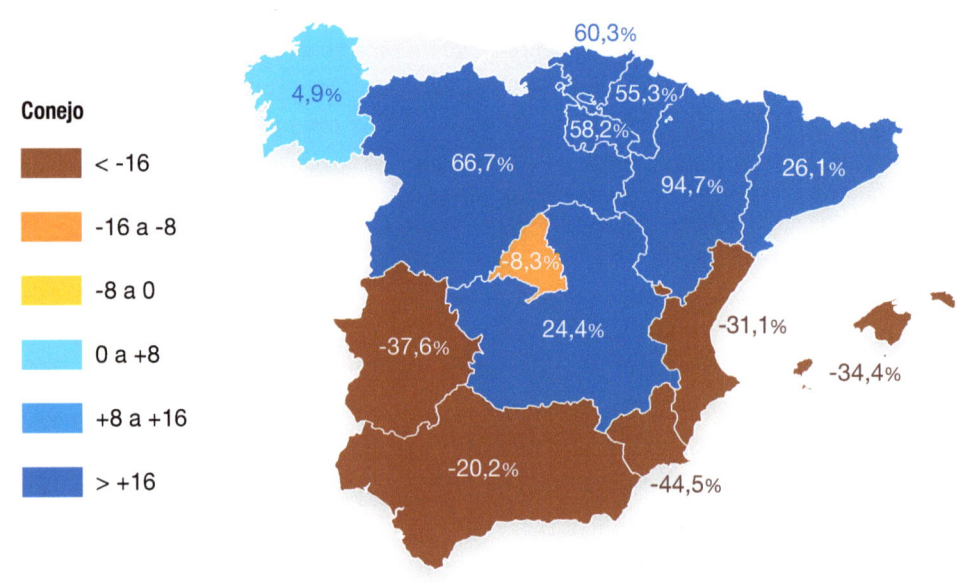

Tendencia de capturas de conejo:
variación porcentual entre temporadas 2013/14 y 2017/18: **+8%**

Implicaciones para la gestión

El conejo es una especie cuya gestión debe entenderse desde ángulos muy distintos, a veces completamente opuestos (Delibes-Mateos y cols. 2014). Las variaciones en la productividad del conejo en función de la meteorología y del hábitat son importantes para una correcta gestión cinegética: conviene aprovechar los máximos poblacionales cuando se trata de conservar la especie y maximizar el rendimiento; pero cazar durante los mínimos cuando lo que se busca es su control por daños. Además, cazadores y conservacionistas desean poblaciones abundantes, susceptibles de aprovechamiento y capaces de mantener a sus depredadores. Por el contrario, los responsables del mantenimiento de infraestructuras lineales como el ferrocarril de alta velocidad, y especialmente los agricultores, prefieren poblaciones bajas o incluso ausentes. Para complicar aún más las cosas, las poblaciones más numerosas de conejo ocurren en agrosistemas más bien alejados de los principales núcleos de presencia de lince o águila imperial (Delibes-Mateos y cols. 2009). Compatibilizar ambas necesidades requiere una gestión inteligente, a medida, teniendo en cuenta a todos los interesados.

Mapa de capturas por cada 100 ha:

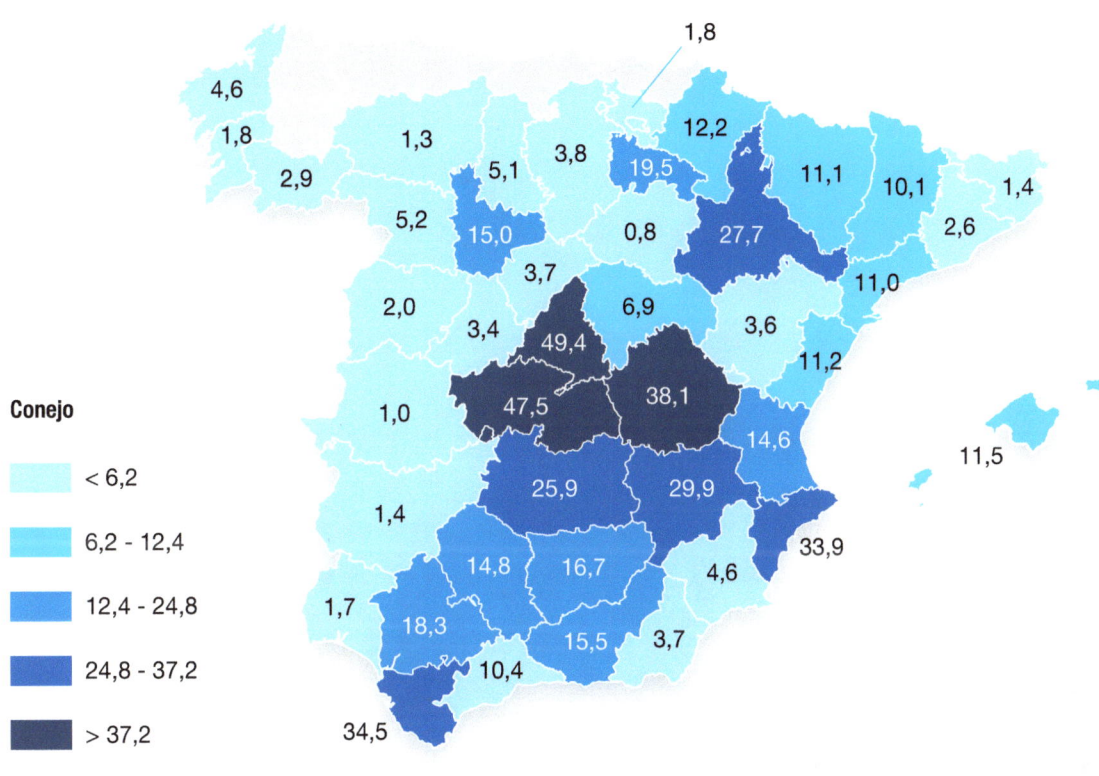

Rendimiento cinegético:
capturas por superficie (temporada 2017/18)
Media **12,4** ejemplares / 100 ha

Una solución obvia a algunos conflictos producidos por la sobreabundancia es la captura de conejos en localidades con daños y su traslado, si cumplen los requisitos genéticos y sanitarios, a otras donde exista demanda con fines de caza o de conservación. Pero esta solución no es siempre viable. En tal caso, si se dan situaciones de gran abundancia y, por tanto, daños, serán los cazadores quienes deberán combinar estratégicamente la extracción por caza con las medidas de protección de cultivos o de promoción de cultivos de variedades menos vulnerables. Además, los periodos de caza pueden ampliarse y pueden incluir los periodos de mínimo poblacional para tener un mayor impacto sobre la dinámica de la población. La administración debería contribuir a mejorar la interlocución entre cazadores y agricultores, así como facilitar la puesta en marcha de las citadas medidas de gestión. El control de predadores generalistas, por su parte, tiene escaso sentido en situaciones de sobreabundancia de conejo.

En regiones de baja densidad, particularmente en zonas de importancia para la conservación de predadores especializados, la gestión cinegética del conejo es completamente distinta. Los cupos serán modestos y los periodos de caza deben ajustarse a las épocas de mayor abundancia, evitando extraer individuos en los momentos de mínimo poblacional. Puede ser necesario gestionar el hábitat o, incluso, la sobreabundancia de predadores oportunistas y de competidores (Delibes-Mateos y cols. 2008, Ferreira y cols. 2014).

LIEBRE

En la Península Ibérica existen tres especies de liebre. La más ampliamente distribuida, y también la de mayor importancia cinegética, es la liebre ibérica (*Lepus granatensis*). Se trata de una liebre pequeña, de menos de 2,5 kilogramos, típica de ambientes mediterráneos incluida la isla de Mallorca. Al norte del Ebro, más frecuente cuanto más al este, existe la liebre europea o norteña (*Lepus europaeus*). Esta especie alcanza en España el límite suroccidental de su amplio rango de distribución en Eurasia. Su tamaño casi dobla el de la liebre ibérica (hasta 4,5 kg). Finalmente, sobreviven en la Cordillera Cantábrica algunas poblaciones locales de liebre de piornal (*Lepus castroviejoi*), un relicto de las glaciaciones estrechamente emparentado con otra liebre presente en el Mediterráneo, *Lepus corsicanus*. Su tamaño es intermedio entre las otras dos.

Las liebres no usan madrigueras, alcanzan la madurez más tarde y son menos prolíficas que los conejos (1 a 5 lebratos por parto) y, aunque también pueden reproducirse en cualquier momento del año, tienen menos partos por temporada que los conejos. En consecuencia, son menos propensas a las explosiones demográficas tipo plaga, pero también resultan más sensibles a adversidades como la pérdida de hábitat, las mortalidades por intoxicación o enfermedad, o el exceso de presión de caza. En condiciones óptimas, la liebre ibérica puede alcanzar densidades cercanas a los 80 ejemplares por kilómetro cuadrado, inferiores por tanto a las densidades altas de conejo. A pesar de esta menor abundancia, las densidades elevadas pueden excepcionalmente dar lugar a daños, sobre todo en cultivos leñosos como el viñedo. Sus poblaciones pueden variar mucho entre temporadas en función de la disponibilidad de alimento y refugio (Carro y Soriguer 2017). Su principal depredador es el zorro (Reynolds y cols. 2010). Las liebres, en España principalmente la liebre ibérica, participan además en el ciclo de algunas enfermedades importantes, como la tularemia (González-Quijada y cols. 2002).

Tendencias demográficas

Hasta hace un par de décadas, las liebres eran la excepción entre la caza menor sedentaria: sus poblaciones, o al menos los resultados de caza, aumentaban, pasando de poco más de 700.000 en 1980 al doble, 1.400.000, en el 2000. La sequía de mediados de los 1990 redujo sus abundancias, y su posterior recuperación a partir de 1996 coincidió con un conocido episodio de tularemia (González-Quijada y cols. 2002; Gortázar y cols. 2007). Pero desde entonces, las tornas se han vuelto. Tras varios dientes de sierra, las liebres llevan desde 2012 sin superar la barrera del millón de ejemplares cazados por temporada.

Evolución de las capturas de liebre

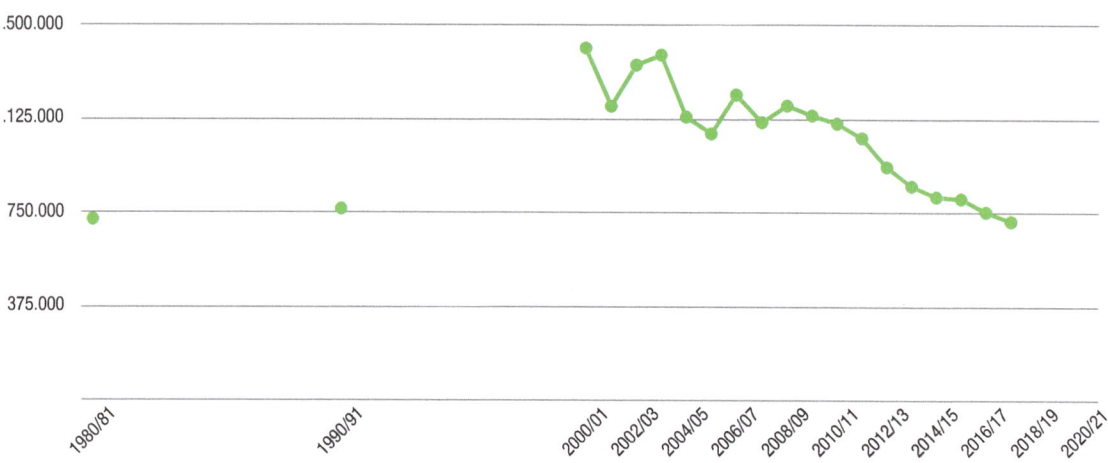

En el mapa de evolución reciente de las capturas por provincia puede observarse que no existe un patrón claro, con 15 provincias que aumentan las capturas en el último lustro, mientras disminuyen en otras 28. Estas últimas incluyen todas las provincias de Andalucía y de Extremadura. Por comunidades autónomas, sólo Galicia, Baleares y Cataluña escapan a la regla del descenso generalizado. Navarra, País Vasco, Murcia y Castilla – La Mancha muestran descensos superiores al 70% desde el año 2000. Esto resulta dramático, sobre todo considerando que Castilla – La Mancha supone un 28% de las liebres cazadas en toda España. En Castilla-La Mancha, los resultados de caza de liebre han pasado de oscilar entre 400.000 y 700.000 en los primeros años de este siglo, a estabilizarse en torno a las 200.000 liebres en las últimas cuatro temporadas. ¿Se mantendrá así, lograremos recuperarla, o terminaremos por perder una de las especies clave de los ambientes cerealistas ibéricos? Las tendencias demográficas de la liebre europea o norteña son difíciles de estimar, ya que sólo unas pocas provincias cuentan exclusivamente con esta especie. Los resultados de caza de liebre de Cantabria, Vizcaya y Guipúzcoa, tres provincias con liebre europea, reflejan unos datos de captura estables en los últimos cinco años. Los datos de caza no permiten diferenciar patrones correspondientes a la liebre de piornal.

En lo que va de milenio, el número de liebres cazadas, principalmente ibéricas, se ha reducido a la mitad (49% de disminución). Y lo que es peor, la gráfica todavía no incluye la última temporada de caza, cuando la epidemia de mixomatosis, posiblemente debida a un cambio en este virus que anteriormente sólo afectaba al conejo, contribuyó a reducir los resultados de caza tanto por la mortalidad causada como por la menor presión cinegética ejercida en los cotos más sensatos. Al margen de ese efecto reciente de la mixomatosis, cabe preguntarse por las causas del declive sostenido y generalizado de las poblaciones de liebre ibérica a lo largo de la última década. Puesto que no han variado significativamente la presión de caza, la abundancia de predadores, las precipitaciones ni las enfermedades (hasta la ya citada epidemia de mixomatosis), cabe sospechar de cambios en el hábitat. Éstos podrían deberse a cambios en los tipos, fechas y métodos de cultivo, o a cambios en el uso de agroquímicos. Sea como sea, la liebre, y en particular nuestra liebre ibérica, se enfrenta a un futuro incierto y va a requerir mucha atención por parte de cazadores y científicos.

Liebre

Abundancia por provincia

Ciudad Real, Sevilla y Córdoba fueron las únicas tres provincias que superaron las 50.000 liebres cazadas en la temporada 2017/2018. Cinco años antes, esa lista aún contenía seis provincias de Andalucía, Castilla – La Mancha y Extremadura. La liebre ibérica, por tanto, presenta un patrón de distribución de abundancias máximas asociado al área de distribución de la dehesa, igual que ocurre con otras especies cinegéticas. No obstante, los resultados de caza todavía superan los 10.000 ejemplares por temporada en un total de 21 provincias.

Mapa de tendencia de capturas:

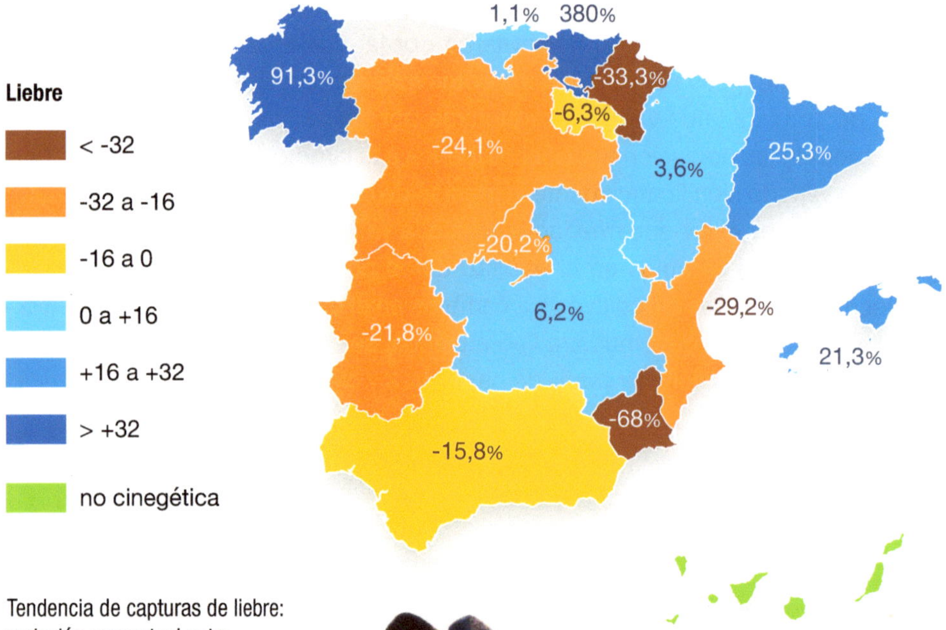

Liebre
- < -32
- -32 a -16
- -16 a 0
- 0 a +16
- +16 a +32
- > +32
- no cinegética

Tendencia de capturas de liebre: variación porcentual entre temporadas 2013/14 y 2017/18: **-16%**

Implicaciones para la gestión

La liebre, por su dependencia de los agrosistemas de secano bien conservados, ricos en barbechos y baldíos, constituye un excelente indicador de calidad ambiental. Donde hay muchas liebres ibéricas también hay perdices, codornices, y diversidad de otras aves esteparias porque se mantienen en las condiciones ambientales típicas de la España cerealista. Este mundo se está perdiendo por los cambios en el uso del suelo y otros factores. Trabajar con el hábitat para recuperar la liebre es un reto necesario pero difícil: agricultores y otros usuarios del suelo priorizan, como es natural, la rentabilidad

de sus actividades sobre la conservación. En consecuencia, las medidas de gestión dirigidas al hábitat necesitan el apoyo de toda la sociedad a través de políticas tanto europeas como nacionales. El cazador puede ayudar modestamente, primero realizando conteos que permitan un adecuado seguimiento de las poblaciones de liebre, y segundo ajustando – como ya se viene haciendo en muchos casos – los cupos y periodos hábiles a la situación poblacional y tendencia reciente de cada población local de liebres. Un aspecto más polémico es el de la depredación. Experimentos desarrollados en el Reino Unido demuestran que el control de depredadores es un determinante significativo de la población de liebres: Cuando se detuvo el control de la depredación, las densidades de liebre disminuyeron, incluso a pesar de las mejoras del hábitat (Reynolds y cols. 2010). Esto podría tenerse en cuenta en relación con los recientes casos de mixomatosis. ¿Resultaría sensato apoyar las vedas voluntarias de caza con mayores esfuerzos de control de zorros?

Mapa de capturas por cada 100 ha:

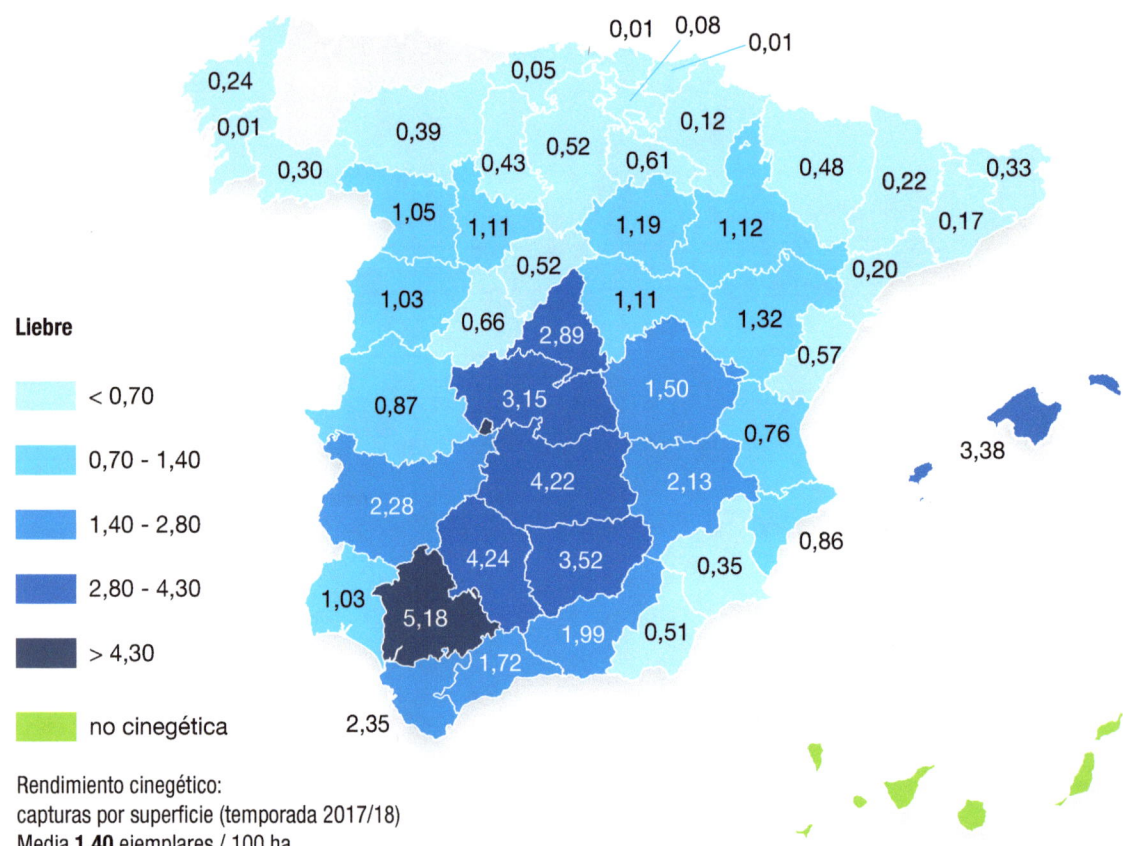

Rendimiento cinegético:
capturas por superficie (temporada 2017/18)
Media **1,40** ejemplares / 100 ha

ZORRO

El zorro (*Vulpes vulpes*) es el carnívoro silvestre más abundante de la Península Ibérica. Su área de distribución en el viejo mundo alcanza desde Japón al este hasta España y norte de África al oeste. Es un cánido de tamaño medio y 3 a 8 kg de peso. Oportunista y antropófilo, es capaz de aprovechar con éxito una gran diversidad de ambientes y recursos.

Sus enemigos incluyen las grandes águilas, el lince (Jiménez y cols. 2019b) y el lobo, pero también algunas enfermedades como el moquillo o la sarna (Gortázar 1999). Puede formar parejas o grupos sociales. Las hembras pueden criar a partir del primer año de vida, y tendrán entre 2 y 6 zorreznos, que nacen entre febrero y abril. Los zorreznos permanecen un par de meses en la madriguera, pasando progresivamente a acompañar a la madre para, sobre todo en el caso de los machos, dispersarse a partir de finales de verano y durante el otoño en busca de nuevos territorios. Esto hace que la mortalidad por atropellos u otras causas sea particularmente acusada en otoño. Un zorro adulto necesita consumir aproximadamente medio kilogramo de alimento al día, y puede obtenerlo de fuentes muy diversas: carroñas y residuos, conejos, pequeños mamíferos, aves y reptiles, peces en época estival, insectos, frutos y semillas. Al tratarse de un carnívoro abundante, su impacto sobre algunas especies de caza menor como el conejo (Fernández-de-Simón y cols. 2015) o sobre aves que crían en el suelo puede llegar a ser significativo, especialmente en el caso de repoblaciones.

Zorro

Tendencias demográficas

La información disponible sobre el zorro se limita a las temporadas 2010/11 a 2017/18, y muestra una tendencia demográfica francamente estable, con capturas anuales totales entre los 191.000 y los 251.000 zorros. Las comunidades autónomas de mayor superficie son también las que más zorros cazados declaran. Algunos máximos destacables son Castilla – La Mancha (72.000 en 2015/2016; unos 0,76 zorros cazados por km^2), Andalucía (56.000 en 2015/2016; 0,64/km^2), Extremadura (40.000 en 2015/2016; 0,97/km^2), y Castilla y León (32.000 en 2017/2018; 0,34/km^2). No hay información para Cantabria y los datos están incompletos en algunas otras comunidades.

El mapa de evolución reciente de las capturas de zorro por provincia muestra una situación igualmente estable. Es de reseñar que la información reciente sobre capturas de zorros en Galicia está incompleta. Seguramente haya que buscar la causa en las intensas y desafortunadas movilizaciones animalistas que se vienen produciendo en esa región cada vez que se anuncia un campeonato de caza de zorros.

Evolución de las capturas de zorro

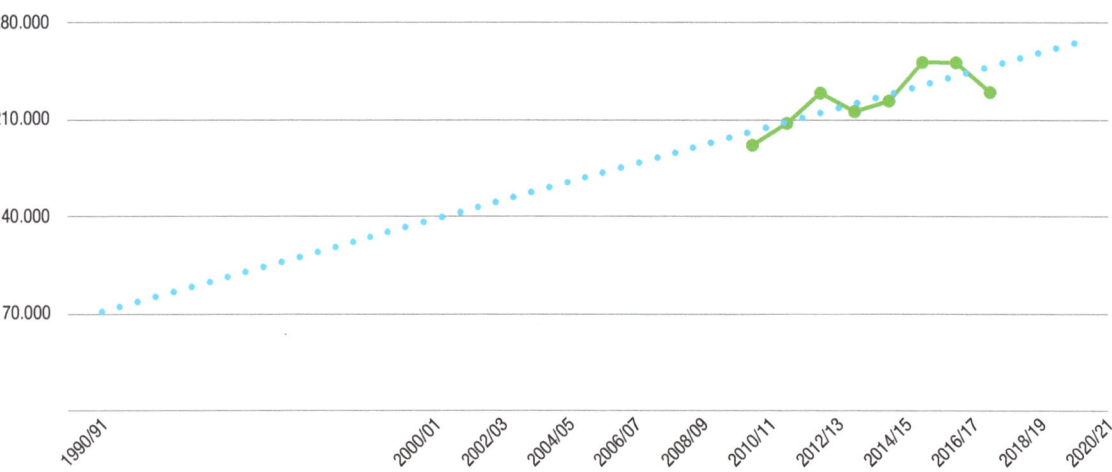

Abundancia por provincia

Las cinco provincias con mayores capturas medias declaradas durante el último lustro son, por este orden, Badajoz, Albacete, Cáceres, Ciudad Real y Jaén. Por el contrario, las capturas declaradas son bajas -menos de 1000 ejemplares cazados por temporada- en Asturias, Barcelona, La Rioja y las tres provincias vascas.

Mapa de tendencia de capturas:

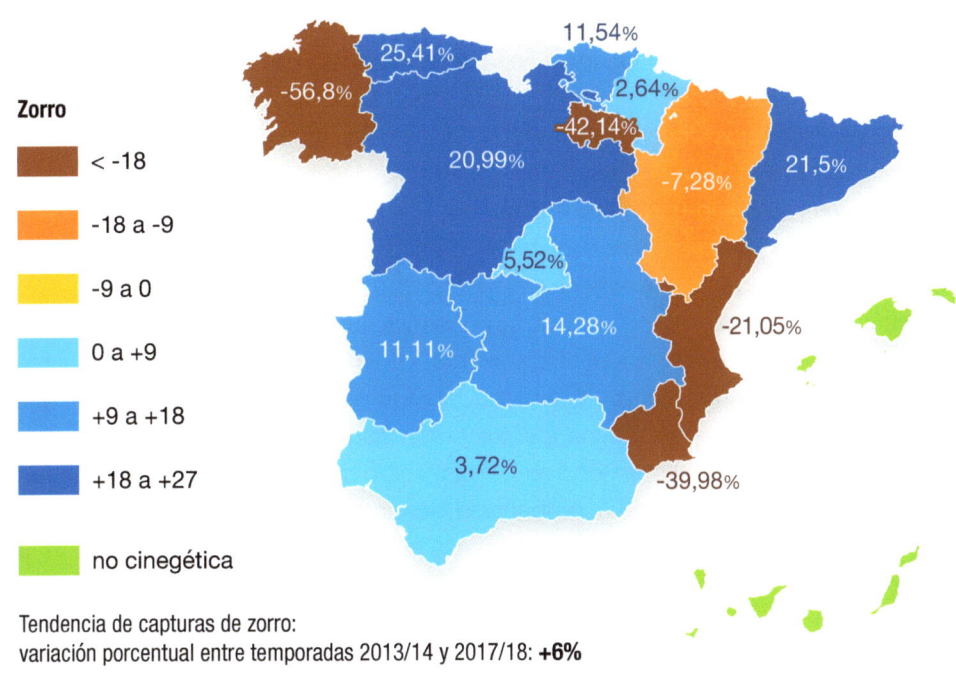

Tendencia de capturas de zorro:
variación porcentual entre temporadas 2013/14 y 2017/18: **+6%**

Implicaciones para la gestión

La gestión racional de las poblaciones de zorros pasa por el control de las fuentes de alimentación antropógenas (vertederos, residuos de caza) para reducir la capacidad de acogida del hábitat, y por su aprovechamiento como especie de caza que es. España peninsular tiene una superficie de 504.645 kilómetros cuadrados, y sabemos que la densidad de zorros varía entre mínimos de menos de uno y máximos de más de 4/km^2, en función de la disponibilidad de recursos tróficos (Gortázar 1999; Jiménez y cols. 2019a). En consecuencia, si aceptamos una densidad media de al menos 2 por km^2, hay en España más de un millón de zorros, que lógicamente tendrán su máximo anual en primavera, tras los partos, y el mínimo en invierno. Extraer mediante caza poco más de 200.000 zorros supone, por tanto, un aprovechamiento modesto de esta especie cinegética, que además beneficiará en alguna medida a sus presas, cazables o no. El control de predadores oportunistas, como el zorro, pero también los carnívoros domésticos asilvestrados, es una cuestión objeto de intenso debate. Sin ánimo de resolverlo en estas pocas líneas, nos gustaría apostar una vez más por la gestión cinegética sensata. Es importante considerar los costes y los beneficios del control de zorros, así como la existencia o no de medidas de gestión alternativas. Hay que ser conscientes de que, por regla general, las especies de caza menor como liebre o perdiz desaparecen por cambios en el hábitat, y no por la acción de sus depredadores… ni por la caza. Y puestos a pensar en depredadores, acordémonos también de aquellos que no resultan tan evidentes, como el jabalí.

Zorro

Algunos cambios recientes benefician al zorro: regadíos y entornos humanizados que le proporcionan alimento y refugio, una presión cinegética cada vez menor, y conejos en recuperación. No es que haya demasiados zorros, sino que hay exactamente tantos como admite cada terreno. La solución ideal sería la restauración de sus depredadores, como el lobo o el lince. Sabemos que cuando reaparece el felino hay menos zorros y, a su vez, más perdices y conejos (Jiménez y cols. 2019b). Pero esa solución no sirve para la mayor parte de la península, de modo que hay situaciones en las que el control de zorros puede contribuir, siempre como una herramienta más, a la mejora de las poblaciones de caza menor, o de las de otras especies sensibles: cotos de caza menor intensiva, terrenos con poblaciones descendentes de especies cinegéticas, así como ambientes donde convenga reducir la depredación como medida de conservación de aves esteparias o acuáticas, o incluso del urogallo. Puestos a controlar zorros, conviene recordar que deben utilizarse métodos selectivos, que su eficacia será mayor en invierno (mínimo poblacional) que en primavera tras los partos, y que los efectos son a corto plazo: los territorios que queden libres tras el control, si son ricos en presas, serán pronto recolonizados. Por ello, el control de zorros siempre debe acompañarse de otras medidas, como las mejoras del hábitat o el ajuste de la extracción por caza a la situación real de cada especie cinegética. Finalmente, la línea de investigación del IREC sobre aversión condicionada podría generar alternativas interesantes a aplicar en algunas situaciones (Tobajas y cols. 2019).

Mapa de capturas por cada 100 ha:

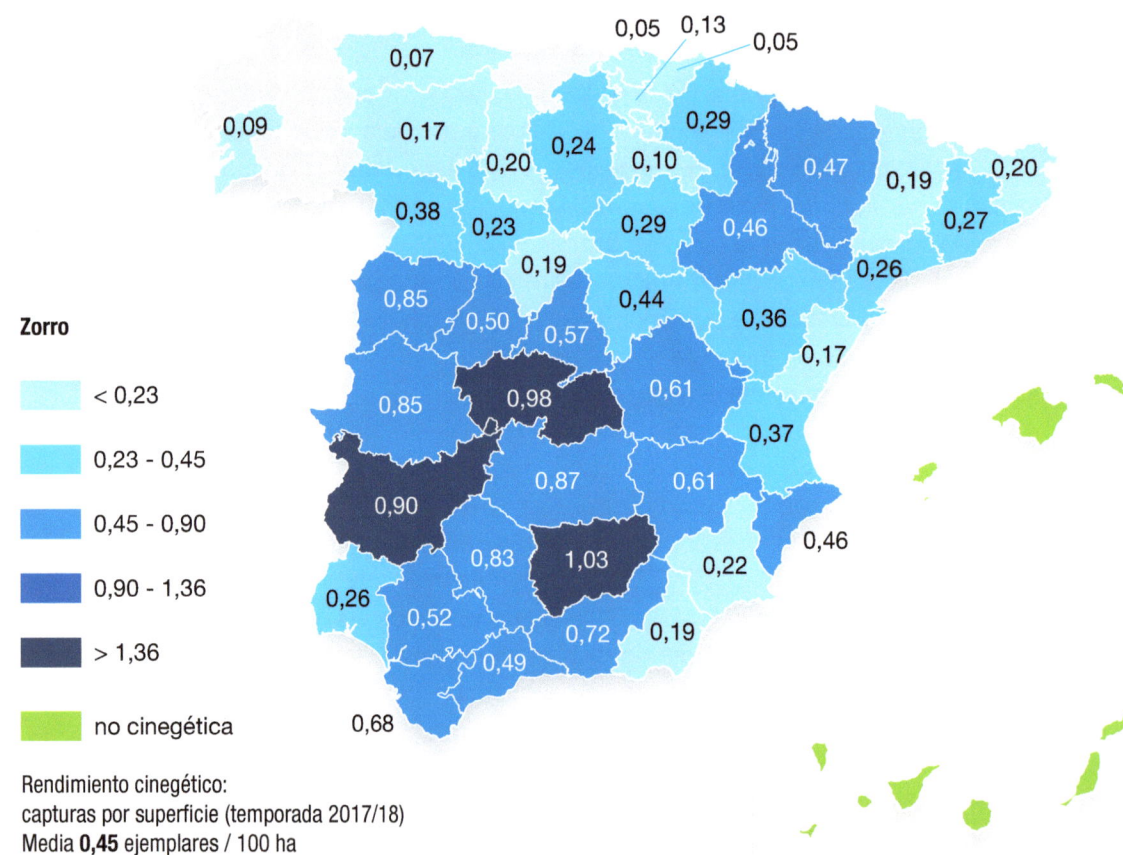

Rendimiento cinegético:
capturas por superficie (temporada 2017/18)
Media **0,45** ejemplares / 100 ha

LOBO

Con un peso en torno a los 30 kg, el lobo (*Canis lupus*) es el mayor de los dos cánidos silvestres que habitan la Península Ibérica. Es un depredador social especializado en la caza de ungulados, pero capaz igualmente de aprovechar basuras y otras fuentes de alimento. Las hembras dominantes de cada manada tienen, en primavera, camadas de tamaño muy variable, frecuentemente entre cinco y seis lobeznos.

Históricamente presente en toda la península, su categoría UICN actual en España es "Casi Amenazado", aunque existen situaciones diversas. Por un lado, la nutrida población del cuadrante noroeste peninsular en general se encuentra en expansión. Por otro, hay una población relicta de situación incierta en Sierra Morena y, finalmente, está la reciente colonización de áreas del noreste (Pirineo) por lobos originarios de la población italo-francesa (Blanco y cols. 2007). Especie mediática y controvertida donde las haya, el lobo es percibido a la vez como una amenaza para los ganaderos, un preciado trofeo para los cazadores, un superpredador capaz de contribuir a la regulación de la sobreabundancia para los ecólogos, una vaca sagrada para el público menos informado, y un quebradero de cabeza para políticos y gestores (Oroschakoff y Livingstone 2017).

Tendencias demográficas

El lobo se encuentra en expansión en Europa (Chapron y cols. 2014), y también en la mitad norte de España. Pero las cifras de caza declaradas por las Comunidades Autónomas no reflejan esta tendencia, seguramente porque no siempre se declaran los ejemplares controlados por las propias administraciones por daños al ganado, que seguramente sobrepasan con creces el número de cazados. Y por supuesto tampoco aparecen los lobos eliminados de forma ilegal.

En lo que va de siglo XXI, sólo Castilla y León declara lobos cazados (1244, entre 37 y 122 al año). Por su parte, Galicia, Cantabria, La Rioja y País vasco declaran cifras variables de lobos controlados en prevención de daños al ganado. Pero en muchos casos, falta información sobre varias temporadas y en Asturias, por ejemplo, existe control, pero no hemos podido acceder a datos concretos. En el caso especial del lobo, por tanto, los resultados declarados de caza (o de control) seguramente están muy lejos de la realidad, si se contase con toda la información necesaria. En consecuencia, ni el gráfico de tendencia poblacional ni los mapas de abundancias recientes o por provincias reflejan una información real.

Evolución de las capturas de lobo

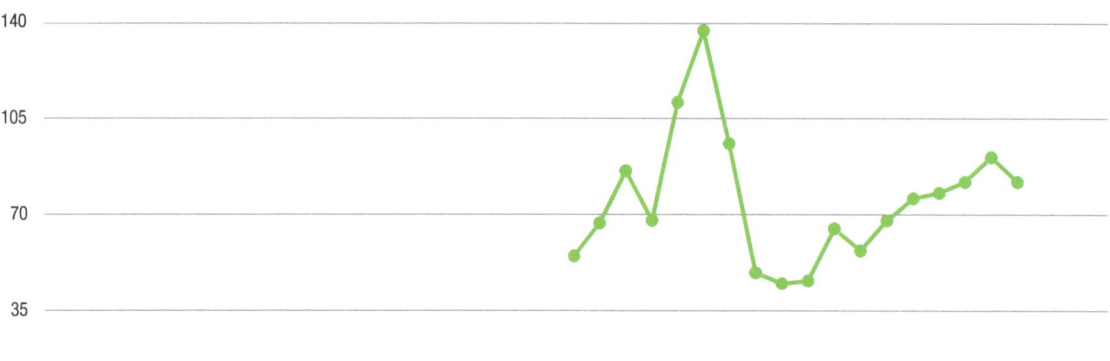

Mapa de tendencia de capturas:

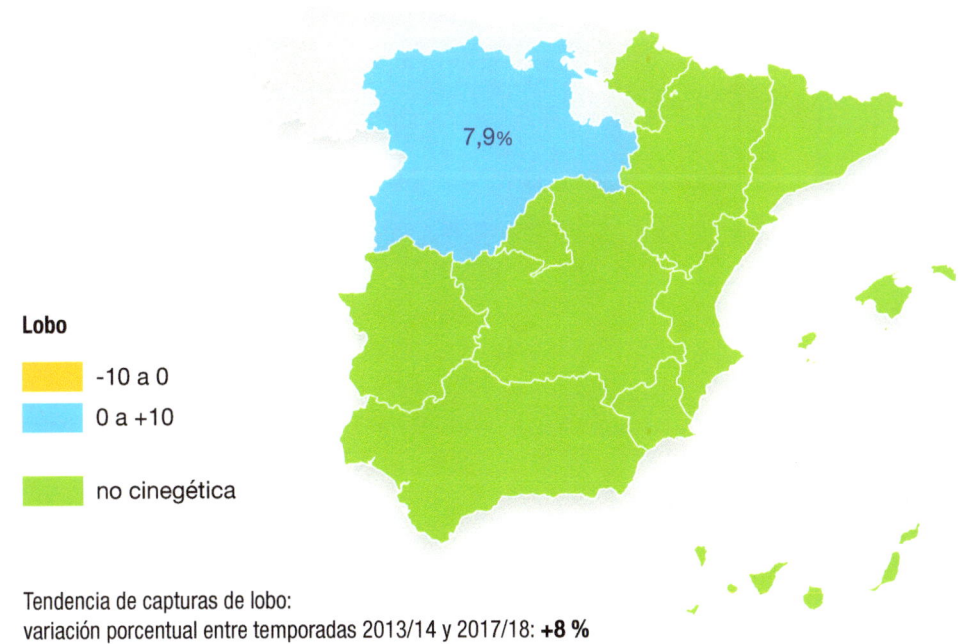

Lobo
- -10 a 0
- 0 a +10
- no cinegética

Tendencia de capturas de lobo:
variación porcentual entre temporadas 2013/14 y 2017/18: **+8 %**

Implicaciones para la gestión

El lobo cumple una misión importante en los ecosistemas bien conservados: contribuye a la regulación de cérvidos, jabalíes y mesocarnívoros, provocando múltiples efectos en cascada (Ripple y cols. 2012 y 2013, Tanner y cols. 2019). El problema es lo que definimos como ecosistemas bien conservados, y dónde encontrar el equilibrio con otros usuarios del medio, particularmente los ganaderos. Desde el conocimiento científico, pocos discuten la necesidad de controlar las poblaciones abundantes de lobo cuando éstos afectan de forma severa a los intereses ganaderos (Sáenz de Buruaga 2018). En nuestra opinión, la forma más sensata de llevar a cabo este control es la caza. Si en España había 2000 lobos hace 15 años (Blanco y cols. 2007) y su expansión ha continuado desde entonces, parece razonable aprovecharlo como recurso cinegético, y no sólo al norte del Duero. El control de lobos por parte de las administraciones implica gastar dinero público en una actividad que, bien gestionada, generaría recursos económicos y contribuiría a mejorar la percepción del mundo rural sobre el lobo.

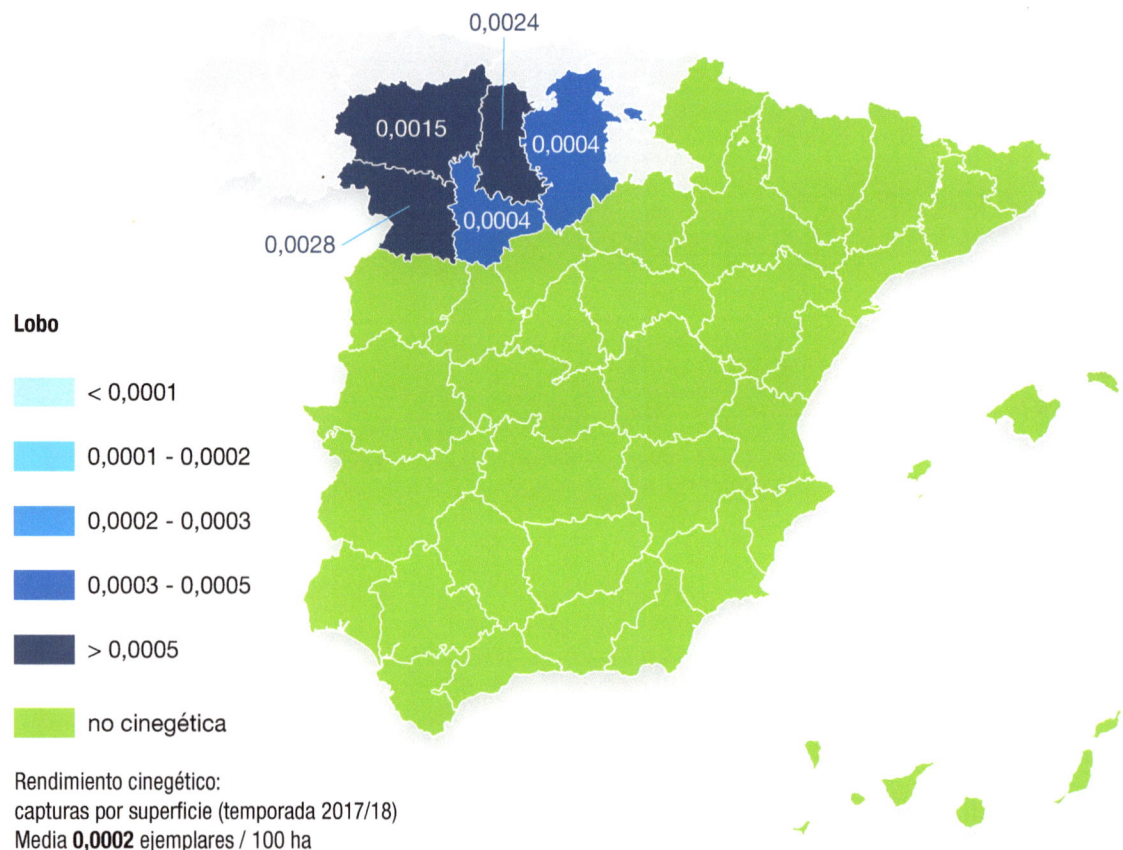

Mapa de capturas por cada 100 ha:

Lobo
- < 0,0001
- 0,0001 - 0,0002
- 0,0002 - 0,0003
- 0,0003 - 0,0005
- > 0,0005
- no cinegética

Rendimiento cinegético:
capturas por superficie (temporada 2017/18)
Media **0,0002** ejemplares / 100 ha

JABALÍ

El jabalí (*Sus scrofa*) es el ancestro salvaje del cerdo. Se trata de un mamífero omnívoro que muestra preferencia por alimentos energéticos como las bellotas o el maíz. Originario de ambientes forestales, se adapta muy bien a cualquier terreno que le ofrezca refugio y alimento.

Es precoz y prolífico: las hembras pueden alcanzar la edad reproductora mucho antes de cumplir el primer año de vida, para gestar entre 4 y 6 crías. Los rayones sufren una mortalidad elevada por enfermedades y por depredación, pero a partir de los 6 meses la caza se convierte en el principal regulador de sus poblaciones. Aunque puede vivir más de diez años, la esperanza media de vida del jabalí es muy inferior, sobre todo en terrenos con alta presión extractiva o en presencia de enfermedades.

Tendencias demográficas

El número de jabalíes cazados en España se viene duplicando cada 10 años, lo que implica un crecimiento exponencial de sus poblaciones. De una forma simplista, el número total de jabalíes podría calcularse multiplicando por 3-4 el número de ejemplares abatidos. Es decir, que en 2017/2018 había en España entre 1.162.000 y 1.550.000 jabalíes. Y lo que es peor, parece probable que en los próximos años se supere el medio millón de jabalíes cazados, que a su vez equivaldría a una población total entre 1,5 y 2 millones. ¡Dos millones de jabalíes!

En el mapa de evolución reciente de las capturas por provincia puede observarse que la mayor parte de ellas presenta una tendencia estable o con ligeros incrementos. Solo Soria registra una aparente disminución de las capturas, que fueron en 2017/2018 un 76% de las registradas en 2013/2014. En el otro extremo, Albacete presenta un incremento del 420%, y tanto Ciudad Real como Lérida y Málaga superan el 200%. Por comunidades autónomas, todas menos las insulares cuentan con resultados de caza en aumento en los últimos cinco años. Los mayores incrementos corresponden a Murcia (199%), Cataluña (190%), y Navarra (178%).

En definitiva, las poblaciones españolas de jabalí -al igual que ocurre en otros países-, crecen de forma generalizada (Massei et al. 2015). Y la previsión es que continuarán haciéndolo. Es difícil identificar las causas de este crecimiento tan continuado. Por apuntar algunas, cabría señalar en primer lugar los cambios que se han producido en el medio rural: el reciente aumento de la superficie forestal (30% en 15 años) y el aumento de los cultivos de regadío como el maíz, favorecen al jabalí al proporcionarle tanto refugio como alimento. Además, la presión cinegética sobre el jabalí, con ser elevada, resulta insuficiente para contrarrestar su capacidad de multiplicación (Fernández-Quirós et al. 2017).

Evolución de las capturas de jabalí

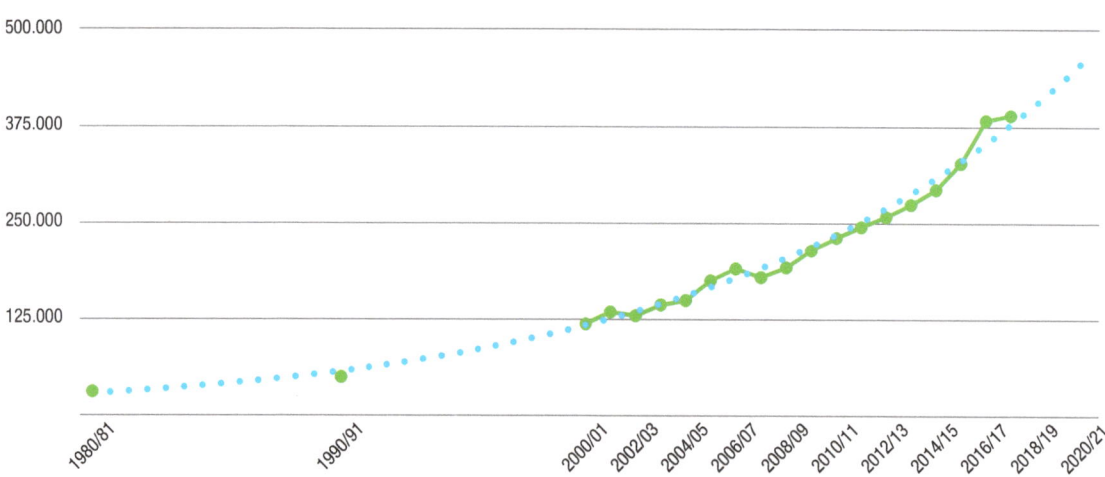

Abundancia por provincia

El jabalí se encuentra distribuido por toda la Península Ibérica. En algunas provincias del sur, como Cádiz o Huelva, ha tenido lugar un cruzamiento con el cerdo doméstico que ha dado lugar a formas híbridas. En consecuencia, el jabalí cuenta con menor tradición cinegética en estas provincias. Nada menos que 14 provincias registraron más de 10.000 jabalíes cazados en la temporada 2017/2018. Los valores más extremos se dieron en el noreste, con Huesca a la cabeza, donde se cobraron 30.639 ejemplares: lo mismo que se cazaba en toda España hace 40 años.

Mapa de tendencia de capturas:

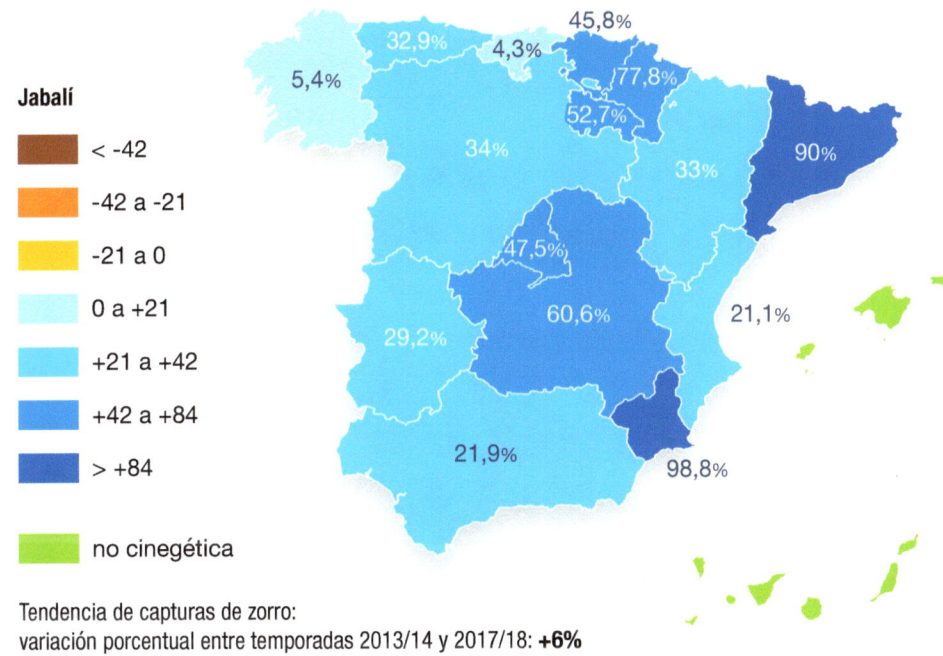

Tendencia de capturas de zorro:
variación porcentual entre temporadas 2013/14 y 2017/18: **+6%**

Implicaciones para la gestión

La caza, sin duda, contribuye a regular las poblaciones, pues en su ausencia el crecimiento poblacional del jabalí se vuelve exponencial (Fernández-Quirós et al. 2017). Localmente, puede que incluso el lobo contribuya a su control natural (Tanner et al. 2019). Pero ni unos ni otros bastan para contrarrestar la tremenda capacidad de multiplicación del jabalí, capaz de aprovechar con ventaja nuestros cambios en el ecosistema. Si no cambian mucho las circunstancias, pronto se cazarán más de medio millón de jabalíes por temporada. Esa es la previsión si se mantienen las actuales tendencias demográficas y no hay cambios drásticos en alguno de los siguientes factores: (1) la capacidad de acogida del hábitat, particularmente la cantidad de alimento disponible; (2) la mortalidad por caza o por otras acciones de control; o (3) la aparición de una epidemia con mortalidad intensa y sostenida, algo que nadie desea.

Las consecuencias de este incremento ya se pueden percibir. La sobreabundancia de jabalíes tiene efectos negativos sobre varios sectores. Los accidentes de tráfico, por ejemplo, o los daños a la agricultura que resultan cada vez más graves. Hay efectos adversos sobre la conservación, por ejemplo, de aves acuáticas o de aves esteparias como la perdiz. Y hay efectos sobre la salud pública como ocurre con la triquinelosis. Pero el mayor daño es para el sector ganadero, cuya sanidad se ve comprometida por la contribución del jabalí al mantenimiento de enfermedades endémicas, como la tuberculosis; o por el papel clave del jabalí en la reciente expansión de la peste porcina africana en Europa.

Mapa de capturas por cada 100 ha:

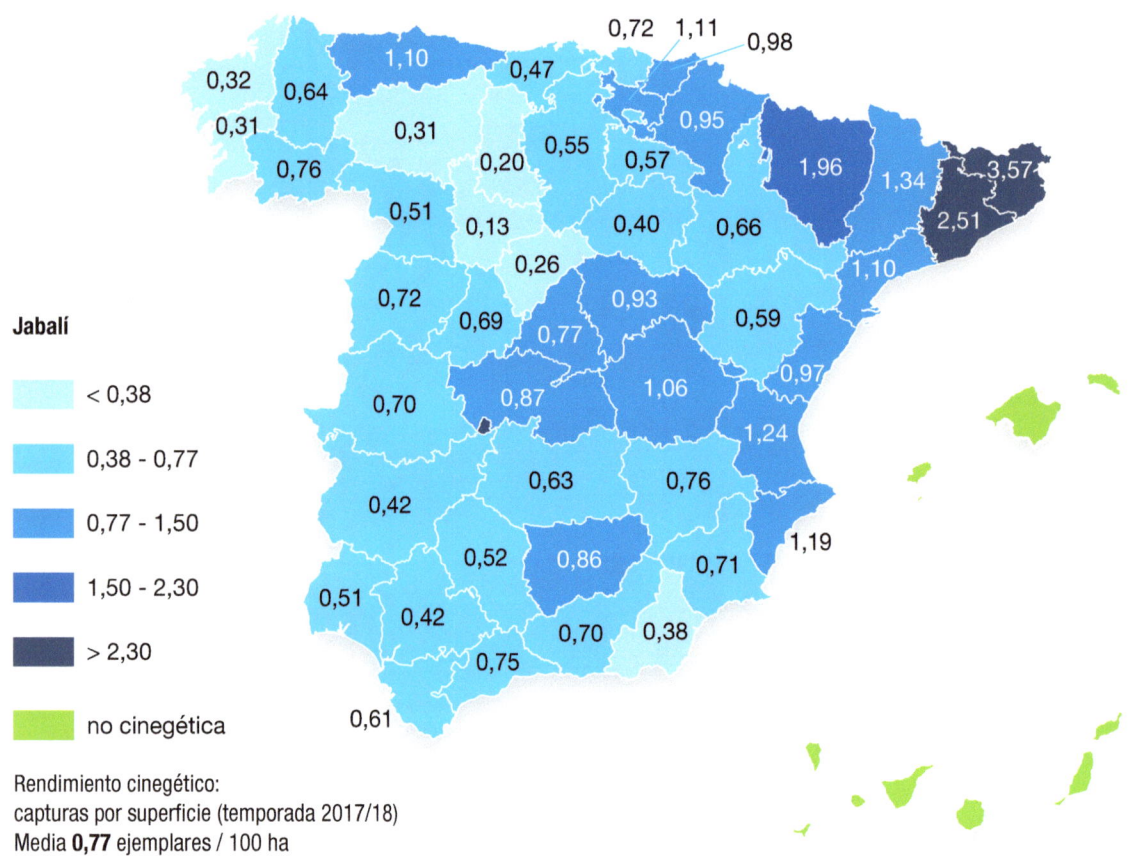

Rendimiento cinegético:
capturas por superficie (temporada 2017/18)
Media **0,77** ejemplares / 100 ha

CIERVO

El ciervo (*Cervus elaphus*) es un rumiante silvestre perteneciente a la familia de los cérvidos. Los ciervos son herbívoros que, en ambientes mediterráneos, dependen del ramoneo para pasar el estiaje y aprovechan las bellotas con la llegada del otoño. Aunque originarios de las estepas asiáticas, se han adaptado muy bien a todo tipo de terrenos forestales

En España alcanzan densidades cercanas a los cien ejemplares por kilómetro cuadrado con promedios próximos a los 25 por km^2 en el bosque mediterráneo, pero generalmente inferiores a los 10/km^2 en ambientes atlánticos. Las hembras maduras sólo entran en celo en otoño, durante la berrea, y tendrán varios celos hasta quedar gestantes. El gabato nacerá en primavera, en mayo-junio, y acompañará a su madre al menos hasta la siguiente primavera. Si el alimento abunda, las ciervas pueden gestar desde su segundo otoño de vida, aunque en condiciones normales la primera gestación suele iniciarse en el tercer otoño. Las hembras pueden vivir excepcionalmente más de 20 años, mientras los machos apenas viven más allá de los 14. La caza puede regular las poblaciones de ciervo siempre que se extraiga más del 25-30% anual. Los predadores como el lobo podrían contribuir a la regulación poblacional allá donde mantengan poblaciones significativas (Ripple y Beschta 2012).

Tendencias demográficas

Cada cierva sólo tiene una cría por parto, ya que las gestaciones gemelares son excepcionales. En consecuencia, a diferencia del jabalí, más prolífico, el crecimiento demográfico del ciervo es lineal en lugar de exponencial. Aun así, su número no ha parado de crecer. De 1980 a 2017 se ha producido en España un incremento del 850%, y si nos fijamos sólo en lo que va de milenio, el número de ciervos cazados se ha multiplicado por 2,5. En promedio, en las últimas 17 temporadas de caza el número de ciervos cazados ha aumentado anualmente un 14%. Sin embargo, este crecimiento en los resultados de caza no es constante. Hay años en los que se observa un descenso bastante marcado de las capturas. En la temporada 2012-13, por ejemplo, se cazó un 6,5% menos que en la temporada 2011-12. ¿Un efecto de la crisis económica?

En el mapa de evolución reciente de las capturas por provincia puede observarse que, entre las provincias de mayor tradición en la caza del ciervo, sólo Ciudad Real aumenta significativamente los resultados, duplicando las cifras en el último lustro. La variación reciente es escasa en muchas provincias de importante tradición montera. En cambio, provincias y regiones tradicionalmente menos activas en la caza del ciervo, han llegado a multiplicar por 10 o más sus cifras de captura. Es el caso de Álava y Vizcaya en el norte y de Alicante y Castellón en levante. Ello refleja la progresiva expansión geográfica del ciervo, que facilita su aprovechamiento cinegético en un número de territorios cada vez mayor. Por comunidades autónomas, todas las peninsulares menos Galicia, Navarra y Murcia cuentan con resultados de caza en aumento en los últimos cinco años. Los mayores incrementos corresponden a País Vasco (1247%), Comunidad Valenciana (213%), y Cataluña (203%).

El crecimiento sostenido de la mayor parte de las poblaciones españolas de ciervo es similar a lo que se viene observando en otros países europeos (Milner y cols. 2006). Las causas son diversas, pero seguramente contribuyen, por un lado, la progresiva expansión geográfica y, por otro, una extracción por caza insuficiente y frecuentemente sesgada hacia los machos. De continuar con los niveles de caza actuales, la previsión es que las poblaciones de ciervo sigan creciendo al mismo ritmo actual, superando dentro de pocas temporadas los 200.000 ejemplares cazados.

Evolución de las capturas de ciervo

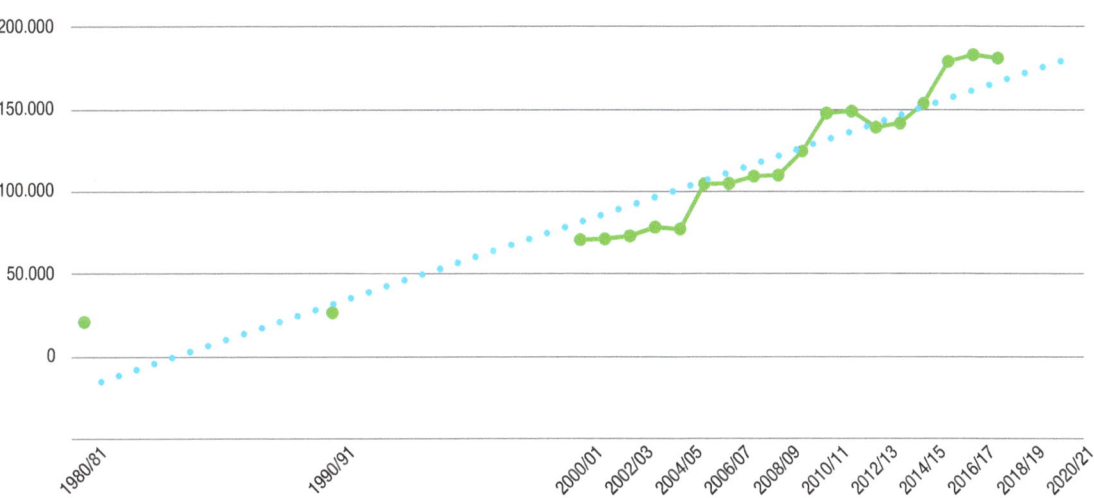

Abundancia por provincia

Actualmente, el ciervo se encuentra distribuido por prácticamente toda la Península Ibérica. Sólo en Guipúzcoa no se declaró ningún ciervo cazado en la última temporada. No obstante, los resultados de caza varían entre los pocos individuos, 3 en Tarragona y 4 en Lugo, y los 32.000 ciervos cazados en Ciudad Real, o 27.000 en Cáceres. Siete provincias, todas ellas en el suroeste, registraron más de 10.000 ciervos cazados en la temporada 2017/2018: Huelva, Córdoba, Jaén, Ciudad Real, Toledo, Badajoz y Cáceres. Entre estas siete, suman 126.000 ciervos, el 70% del total cazado en España en esa temporada. Por tanto, las abundancias son mayores en el área de distribución de la dehesa y del bosque mediterráneo. Esta región tiene una amplia distribución de presencias de ciervo, cuenta con un hábitat muy adecuado, y abundan los vallados cinegéticos que mantienen densidades elevadas sin los conflictos que se originan, principalmente con la agricultura, en los terrenos abiertos. Por el contrario, la mayor parte de las poblaciones de ciervo de la mitad norte peninsular no sólo se encuentran moduladas por la calidad del hábitat, sino también por el nivel de tolerancia social a los daños, bien sean al tráfico o a la agricultura. En consecuencia, son pocas las provincias del norte que superan los 2.000 ciervos cazados por temporada: Guadalajara, Soria y La Rioja.

Mapa de tendencia de capturas:

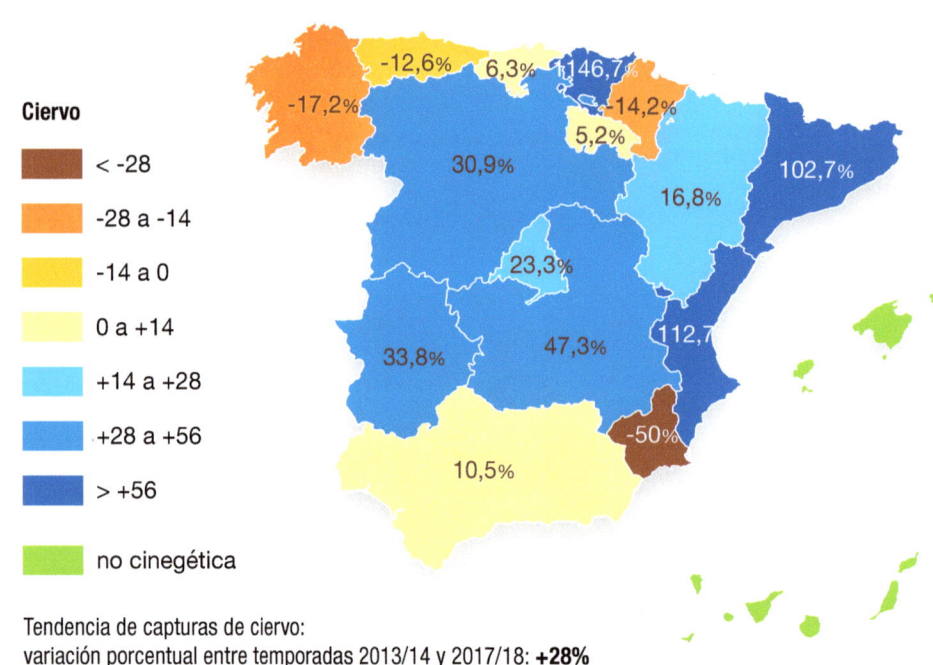

Tendencia de capturas de ciervo:
variación porcentual entre temporadas 2013/14 y 2017/18: **+28%**

Implicaciones para la gestión

Mantener estable una población de ciervo requiere extraer anualmente un 25-30% de sus efectivos. Las tendencias demográficas reflejadas en las figuras demuestran que, por regla general, en España no se alcanza este nivel deseable de presión cinegética. Este es un mensaje importante para los gestores de caza: en especies como el ciervo es necesario olvidar las políticas proteccionistas, y pasar a controlar la sobreabundancia. A diferencia del jabalí, la menor prolificidad del ciervo facilita su control por medio de la caza. Cuando existe la necesidad de reducir la densidad, esto puede lograrse actuando preferentemente sobre las hembras y superando ligeramente el 30% de extracción anual. Paralelamente, es deseable evitar el aporte de alimento, ya que la suplementación aumenta notablemente la contribución de las hembras jóvenes a la tasa de reclutamiento. Mientras en ausencia de suplementación solo un 10% de las primalas participa en la reproducción, con suplementación lo hace un 80% (Rodríguez-Hidalgo y cols. 2010).

De no ser por la extracción por caza, las poblaciones de ciervo crecerían hasta alcanzar una asíntota al llegar a la capacidad de carga del hábitat. En ese momento, la competencia por los recursos, así como las enfermedades, serán las encargadas de regular la población. Esta situación, conocida como sobreabundancia, no es deseable. Una excesiva densidad de ciervos no es compatible con la caza menor, especialmente con el conejo, y supone una pérdida de hábitat para muchas especies animales (Carpio y cols. 2017). No obstante, esto se puede corregir parcialmente si se instalan pequeños cercados de exclusión, que facilitan refugio para pequeños mamíferos y para aves que crían en el suelo o el matorral bajo. Pero además, las densidades altas de ciervo implican, de no existir vallados que lo impidan, daños a la agricultura y riesgos de accidente. Finalmente, en altas densidades, los ciervos pueden participar en el mantenimiento de poblaciones numerosas de garrapatas, así como en el ciclo de la tuberculosis y del virus de la lengua azul, entre otros. La tuberculosis genera conflictos con las explotaciones ganaderas que comparten pastos y puntos de agua con poblaciones sobreabundantes de ciervo, gamo y jabalí. La proporción media de lesiones compatibles con tuberculosis en ciervos del centro-sur-oeste de España es del 15% (Vicente y cols. 2013).

Ciervo

Las especies cinegéticas españolas en el siglo XXI

Mapa de capturas por cada 100 ha:

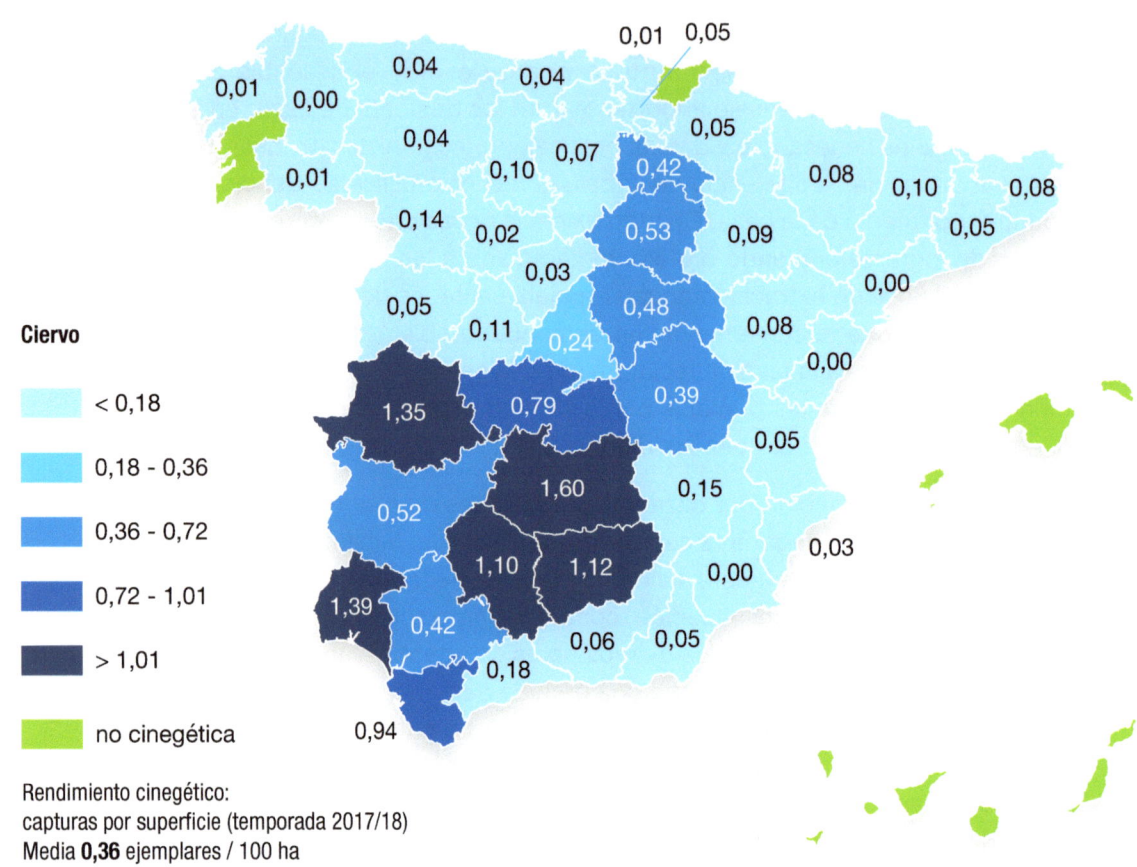

Ciervo

- < 0,18
- 0,18 - 0,36
- 0,36 - 0,72
- 0,72 - 1,01
- > 1,01
- no cinegética

Rendimiento cinegético:
capturas por superficie (temporada 2017/18)
Media **0,36** ejemplares / 100 ha

GAMO

El gamo (*Dama dama*) es un cérvido que, junto al ciervo y a diferencia del corzo, pertenece a la subfamilia cervinae. Su origen en Iberia es nebuloso. Posiblemente, la estructura genética actual de sus poblaciones ibéricas resulta de una combinación de fenómenos naturales (la península como refugio glaciar) y efectos antrópicos (traslados) desde, al menos, tiempos romanos (Davis y MacKinnon 2009, Baker y cols. 2017).

Los gamos tienen un marcado dimorfismo sexual, con machos que alcanzan los 70 kg mientras las hembras se quedan en los 40 kg. Es el cérvido ibérico menos ramoneador y también el más gregario. La ronca tiene lugar en otoño y las hembras paren normalmente una cría, raramente dos, en mayo o junio. Lobo y lince se encuentran entre sus escasos depredadores (Braza 2007). El gamo participa junto al ciervo y al jabalí en el mantenimiento de la tuberculosis animal en la Iberia mediterránea.

Tendencias demográficas

El gamo es una de las especies cinegéticas españolas que más ha aumentado su población ibérica en el presente siglo, multiplicando por cinco las cifras declaradas. Igual que ocurre con el muflón, las comunidades con muchos terrenos vallados, como Andalucía, Castilla – La Mancha y Extremadura, son las que más gamos cazados declaran. Ha comenzado a cazarse en el presente siglo en la Comunidad Valenciana y en Murcia. Aragón y Asturias mantienen poblaciones locales y relativamente estables, con capturas anuales modestas. El mayor crecimiento corresponde a Cataluña, donde las cifras de gamos declarados por temporada se han multiplicado por 14.

El mapa de evolución reciente de las capturas de gamo por provincia muestra incrementos importantes en Jaén, Ciudad Real y Cuenca, mientras en el otro extremo, las provincias gallegas, Cantabria, las provincias del País Vasco, Navarra, La Rioja, Baleares y Canarias no declaran gamos cazados.

Evolución de las capturas de gamo

Abundancia por provincia

La distribución actual del gamo en España es consecuencia, en buena medida, de traslados y repoblaciones con fines cinegéticos, tanto en reservas de caza como en terrenos vallados.

Mapa de tendencia de capturas:

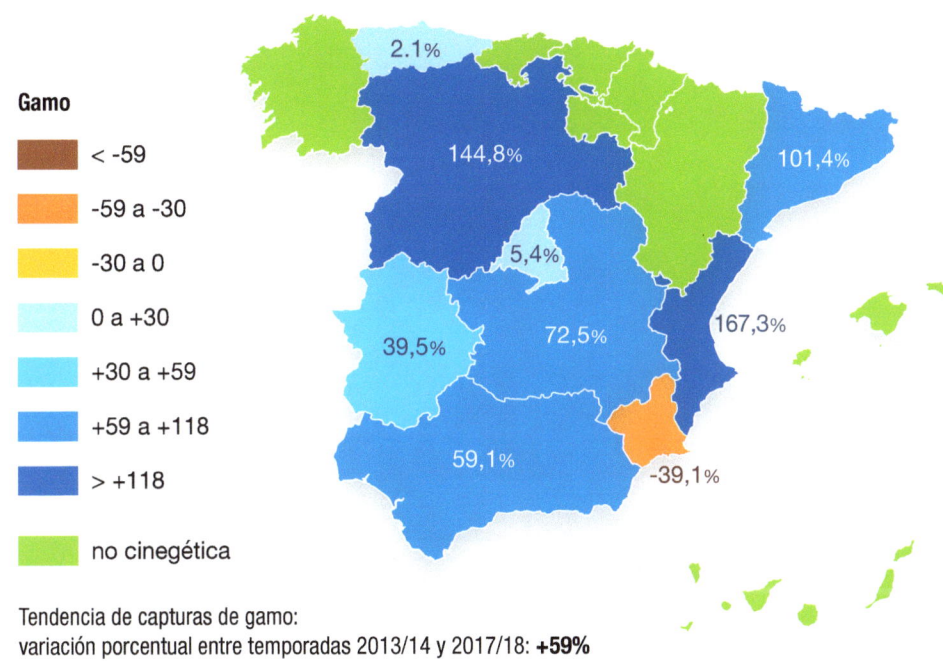

Tendencia de capturas de gamo:
variación porcentual entre temporadas 2013/14 y 2017/18: **+59%**

Implicaciones para la gestión

En ausencia de una correcta gestión, el gamo, igual que el ciervo, tiende a proliferar y puede dar lugar a situaciones de sobreabundancia. Éstas pueden afectar al ecosistema, por ejemplo a la estructura del medio forestal y su diversidad de aves (Machar y cols. 2018), a especies competidoras como el corzo (Focardi y cols. 2006), a la propia especie sobreabundante (por la proliferación de enfermedades y la pérdida de calidad individual), e incluso a las personas cuando se trata de infecciones compartidas. A esto conviene añadir la relativa dificultad que presenta la caza de gamas, así como el efecto trofeo, que las convierte en una pieza menos deseada. Sin embargo, los ramoneadores abundantes también tienen efectos positivos, por ejemplo, al limitar el combustible vegetal (Lecomte y cols. 2019). Incluso entre espacios naturales protegidos existe disparidad de criterios: se busca el control del gamo en Cabañeros mientras se le tolera

Gamo

Las especies cinegéticas españolas en el siglo XXI

en Doñana. En definitiva, es fundamental mantener poblaciones equilibradas, con proporciones similares de machos y hembras, y buscar un equilibrio entre la producción de caza y los potenciales efectos adversos sobre el medio o sobre la sanidad.

Mapa de capturas por cada 100 ha:

Gamo

- < 0,03
- 0,03 - 0,05
- 0,05 - 0,10
- 0,10 - 0,15
- > 0,15
- no cinegética

Rendimiento cinegético:
capturas por superficie (temporada 2017/18)
Media **0,051** ejemplares / 100 ha

CORZO

Con menos de 30 kg de peso, el corzo (*Capreolus capreolus*) es el menor de los cérvidos de la Península Ibérica, y el único que pertenece a la subfamilia Odocoileinae. Es menos gregario que los ciervos y los gamos, y muy selectivo en su alimentación, que incluye proporcionalmente más leguminosas y otras plantas ricas en proteínas. También ramonea más brotes tiernos de leñosas (selecciona los concentrados). Esta selectividad le coloca en desventaja frente a otros rumiantes domésticos y silvestres.

El celo tiene lugar al principio del verano, pero la diapausa embrionaria retrasa los partos a la primavera del año siguiente. Las corzas suelen gestar dos crías, menos frecuentemente una o tres. La pequeña cuerna del macho lo identifica como especie adaptada evolutivamente a habitar ambientes con vegetación densa. Pero hace tiempo que el corzo dejó de ser el duende del bosque para ocupar casi cualquier ambiente, desde la estepa a la montaña.

Los corcinos son vulnerables a muchos predadores como el zorro, y los adultos son presa frecuente del lobo. Ocurren bajas esporádicas por enfermedad, si bien el corzo apenas participa en el ciclo epidemiológico de las más habituales en otros cérvidos, como la tuberculosis (Morrondo y cols. 2017). En consecuencia, la disponibilidad de recursos, la depredación y la caza son los principales reguladores de sus poblaciones, cuyo exceso puede dar lugar a daños a la agricultura y riesgos para el tráfico (Sáenz-de-Santa-María y Tellería 2015).

Tendencias demográficas

En lo que va de siglo XXI, el número de corzos cobrado en España se ha multiplicado por diez, más que ninguna otra especie objeto de caza en nuestro país. Y, aparentemente, aún no ha alcanzado la asíntota por lo que cabe esperar más crecimiento poblacional en el futuro inmediato. Se cazan corzos en todas las CCAA peninsulares excepto Murcia.

En el mapa de evolución reciente de las capturas por provincia puede observarse que la mayor parte de ellas, 34, presentan una tendencia positiva o estable, mientras que nueve cuentan con resultados en disminución. Las únicas provincias peninsulares que no declararon corzos cazados en 2017/18 fueron Alicante, Murcia, Almería y Huelva. Los mayores incrementos se registraron en Castellón (900%), Cuenca (500%) y Segovia (350%), y las disminuciones más acentuadas se observaron en las provincias de Vizcaya (71% menos) y Málaga (66%), así como Cantabria y Lugo (46%). Los resultados de corzo han descendido durante el último lustro en 5 provincias de la costa atlántica, así como en Extremadura, mientras que han aumentado consistentemente en Aragón y las dos Castillas, así como en Navarra, La Rioja, y Madrid.

En resumen, la situación del corzo es buena en la mayor parte de España peninsular, aunque sus tendencias demográficas presentan mucha variabilidad entre regiones.

Evolución de las capturas de corzos

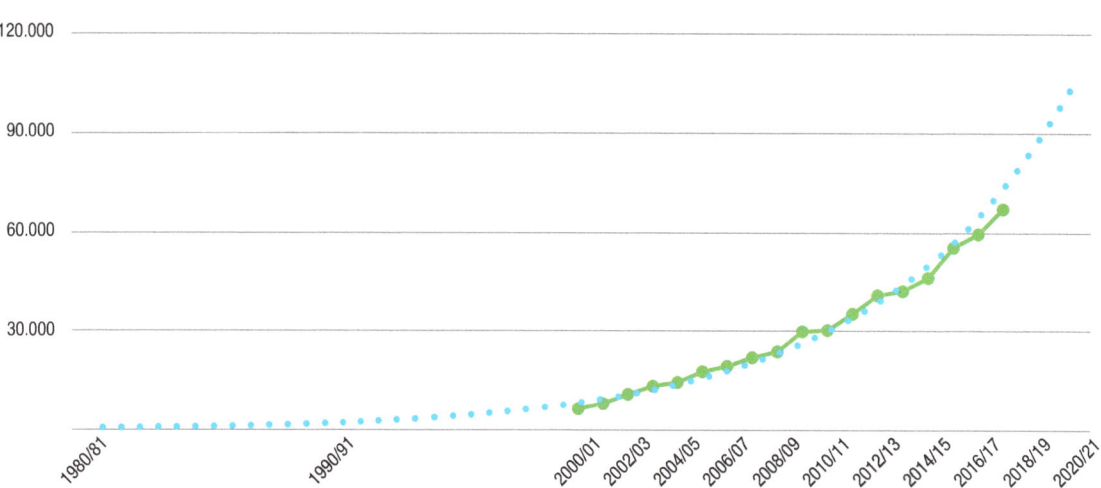

Abundancia por provincia

Las provincias más corceras del último lustro fueron Burgos, con casi 8.000 corzos declarados en 2017/18, Soria (6.300), Guadalajara (5.500) y Zaragoza (6.300). En las provincias cantábricas, los máximos ya pasaron hace algunos años: Asturias, por ejemplo, registraba más de mil corzos cazados por temporada entre 2002/03 y 2012-13, pero actualmente sólo declara 580. Las causas de este declive deberían investigarse en mayor profundidad.

Mapa de tendencia de capturas:

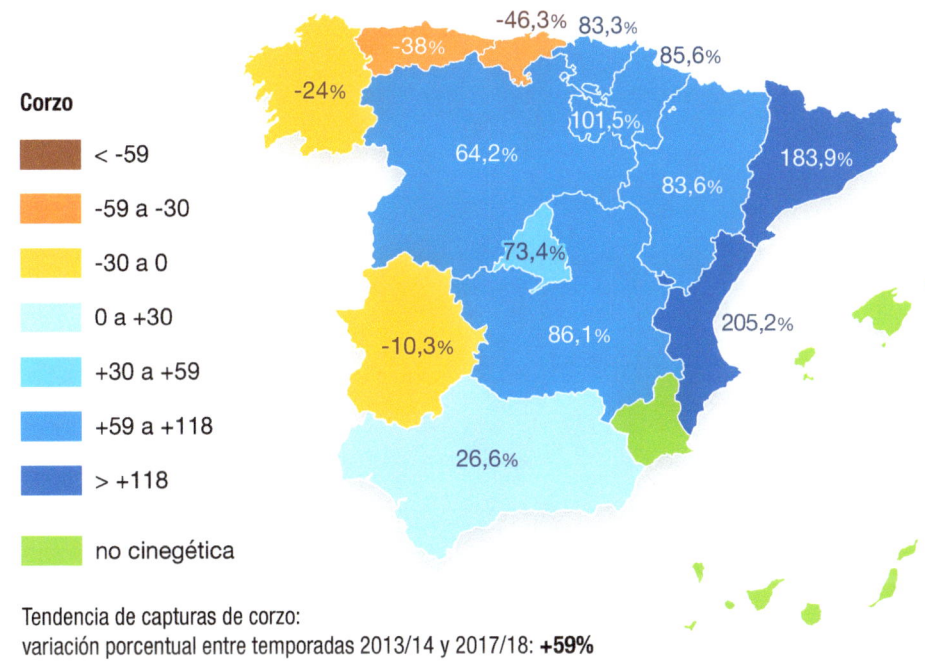

Tendencia de capturas de corzo:
variación porcentual entre temporadas 2013/14 y 2017/18: **+59%**

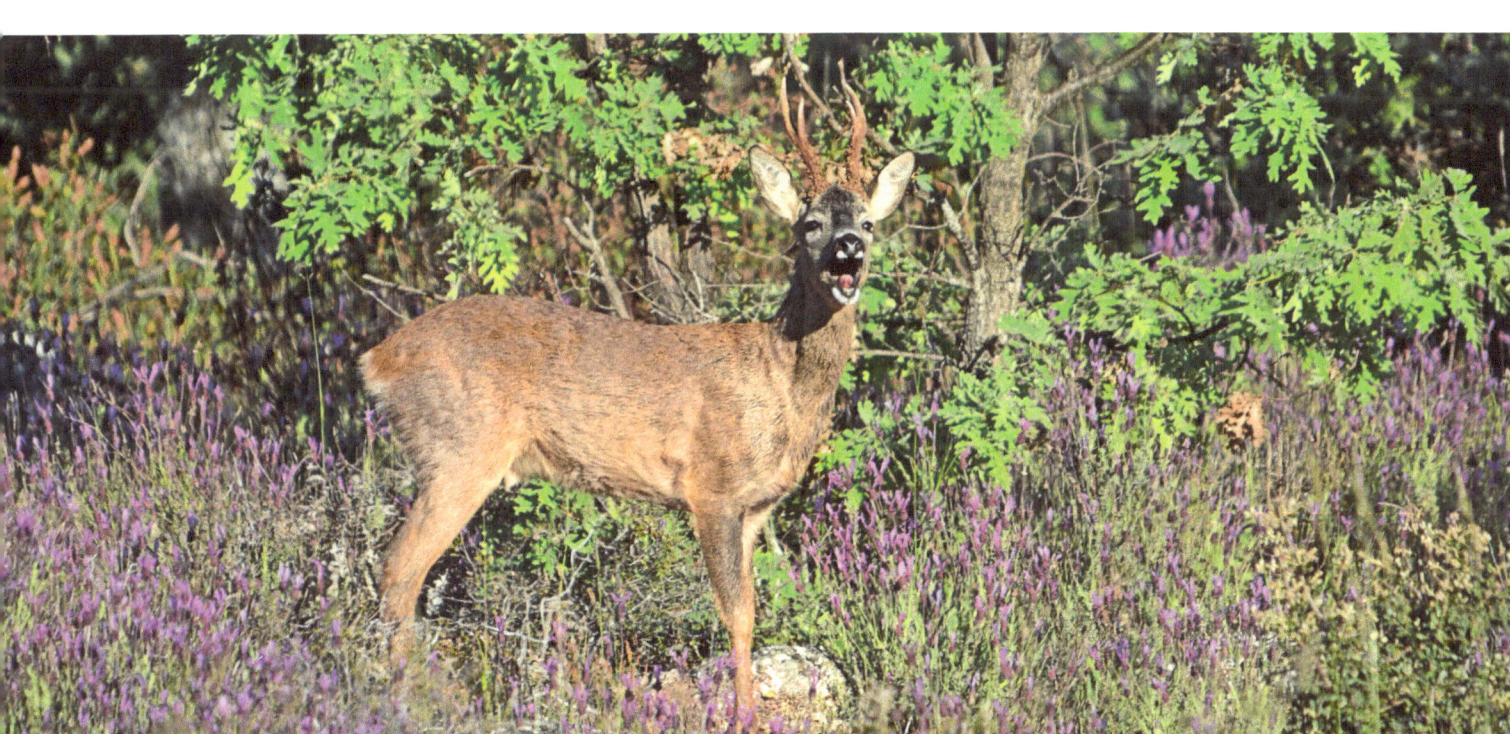

Implicaciones para la gestión

El corzo es, para el conjunto de España, una especie en expansión cuyos resultados de caza han aumentado exponencialmente en los últimos 18 años. Sin embargo, esta situación no es uniforme, habiendo también tendencias descendentes en algunas regiones, por ejemplo, en las provincias cantábricas. Por consiguiente, parece razonable adaptar la gestión a las circunstancias de cada zona. En comarcas con poblaciones en franca expansión parece sensato aumentar la presión cinegética, sobre todo sobre la población de hembras, a fin de aprovechar al máximo las posibilidades de aprovechamiento durante esta fase de crecimiento exponencial. En cambio, en comarcas donde se observe una disminución consistente de los resultados, será necesario adaptar los cupos a las nuevas circunstancias. Convendrá, además, dedicar esfuerzos a la identificación de los factores determinantes de esos cambios, a fin de optimizar la gestión del corzo en cualquier circunstancia.

Mapa de capturas por cada 100 ha:

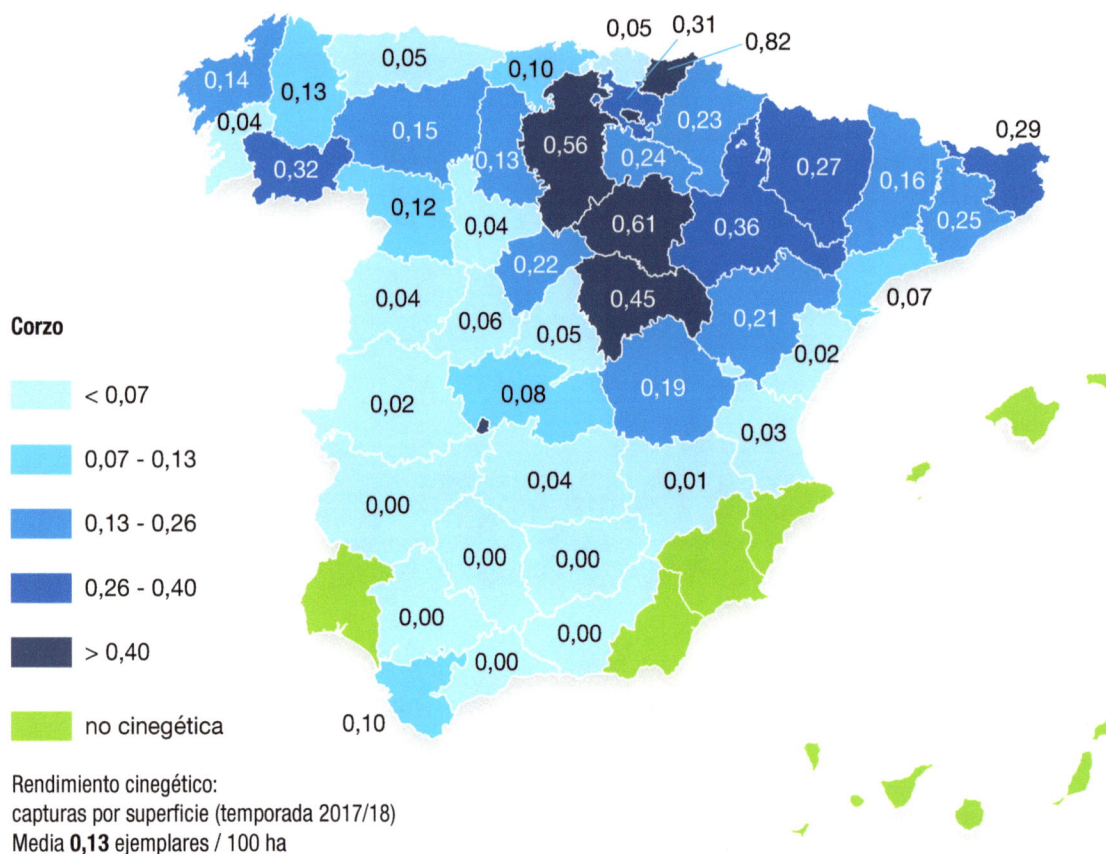

Rendimiento cinegético:
capturas por superficie (temporada 2017/18)
Media **0,13** ejemplares / 100 ha

CABRA
MONTÉS

Los íbices son bóvidos silvestres que pertenecen al género *Capra* y están muy bien adaptados a los ambientes rocosos. Las distintas especies de íbices se encuentran distribuidas por buena parte de las montañas de Eurasia y del norte de África. La especie ibérica, emparentada con el íbice alpino (*Capra ibex*), es *Capra pyrenaica*, de la que se distinguen tradicionalmente varias subespecies: la portuguesa y la pyrenaica o bucardo, ya desaparecidas; la de Gredos, reintroducida en otros puntos del macizo central; y la mediterránea, que es la más extendida.

Se ha querido diferenciar también la de Sierra Nevada pero los estudios más recientes sólo encuentran diferencias genéticas significativas entre el extinto bucardo y las demás cabras ibéricas (Ureña y cols. 2018). Los adultos pesan entre 20 y casi 100 kg. Son gregarios, llegando a formar grandes rebaños, y son pasteadores y ramoneadores muy adaptables, pudiendo generar daños en los cultivos leñosos. El celo tiene lugar a finales de otoño y las hembras paren uno o dos cabritos entre abril y junio (Granados y cols. 2007). Apenas tiene enemigos naturales más allá del lobo, y su principal competidor, además de potencial fuente de infecciones, es la cabra doméstica (Acevedo y cols. 2007). Algunas enfermedades, especialmente la sarna sarcóptica (León-Vizcaíno cols. 1999) y la queratoconjuntivitis (Fernández-Aguilar y cols. 2017), pueden contribuir a regular sus poblaciones.

Tendencias demográficas

Se trata de una de las especies que más ha aumentado su población ibérica en el presente siglo, multiplicando entre seis y siete veces las cifras declaradas. Si a comienzos de siglo se calculaba que había 50.000 cabras monteses en España (Pérez y cols. 2002), hoy debe haber al menos 300.000. En Galicia y Madrid, la cabra montés ha comenzado a cazarse en el presente siglo. Los crecimientos demográficos más espectaculares corresponden a Castilla – La Mancha (x118, de 10 en 2000/01 a 1.184 en 2017/18) y Aragón (x34, de 127 en 2000/01 a 2.128 en 2017/18), aunque también han tenido lugar incrementos notables en Murcia (x13), Comunidad Valenciana (x10) y Andalucía (x9). No se declaran cabras cazadas en Canarias, Asturias, Cantabria, País Vasco, Navarra y La Rioja. En Mallorca, donde tampoco hay cabra montés, existe una población numerosa de cabras domésticas asilvestradas que es objeto de aprovechamiento cinegético, sobre todo su forma "fina" o Boc balear.

En el último lustro, las capturas de cabra montés casi se han duplicado para el conjunto de España. El mapa de evolución reciente de las capturas de cabra montés por provincia muestra que Albacete lidera el crecimiento reciente con una multiplicación por nueve. Sin embargo, las provincias con mayor crecimiento también incluyen otras donde la caza de la cabra montés no era muy importante, como Sevilla (x5), Toledo (x5) y Zaragoza (x4,5). Además, se triplican los resultados en Castellón, Murcia, Madrid y Ciudad Real.

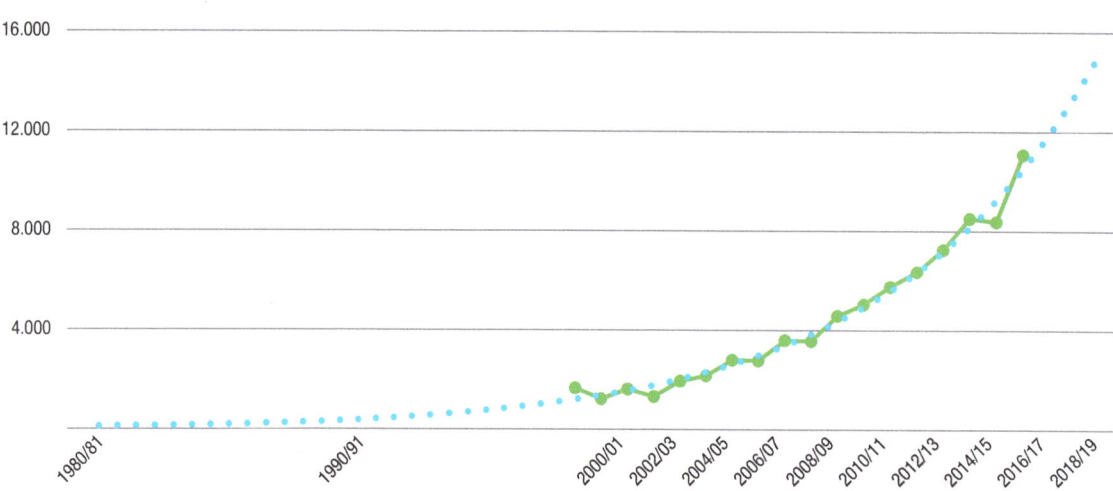

Evolución de las capturas de cabra montés

Abundancia por provincia

En la temporada cinegética 2017/18 se declararon en España 11.084 cabras monteses, de las que una cuarta parte corresponde a Aragón (4.321), seguida de la Comunidad Valenciana (2.290), Andalucía (2.128) y Castilla – La Mancha (1.184). La provincia que más cabras contribuye es Teruel (4.190 en 2017/18), seguida a mucha distancia por Castellón (1.489), Granada (934) y Albacete (894).

Mapa de tendencia de capturas:

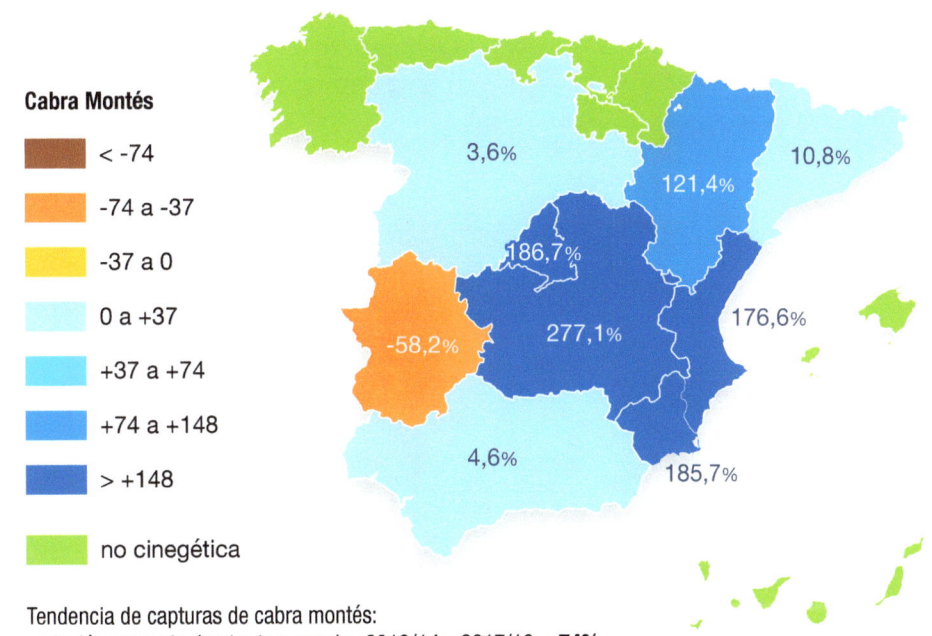

Tendencia de capturas de cabra montés:
variación porcentual entre temporadas 2013/14 y 2017/18: **+74%**

Implicaciones para la gestión

La cabra montés es exclusiva de la Península Ibérica, lo que la convierte en una joya de la corona en términos cinegéticos. La exclusividad de este trofeo atrae a cazadores nacionales e internacionales y genera rentas en provincias muy desfavorecidas como Teruel. Es necesario cuidar este recurso, multiplicando los esfuerzos para disponer de un buen seguimiento poblacional y sanitario y optimizando su aprovechamiento cinegético. Los resultados de caza sugieren que la "cosecha" seguirá aumentando en los próximos años, especialmente en las provincias menos tradicionales. En este contexto, es importante evitar excesos tanto por sobreexplotación como por exceso de protección -en Madrid ya se observan densidades de 47/km^2- ya que la sobreabundancia de cabras puede tener consecuencias ecológicas en los frágiles ecosistemas de montaña (Perea y cols. 2015), y sanitarias, como demuestra el actual brote de brucelosis en íbices alpinos.

Mapa de capturas por cada 100 ha:

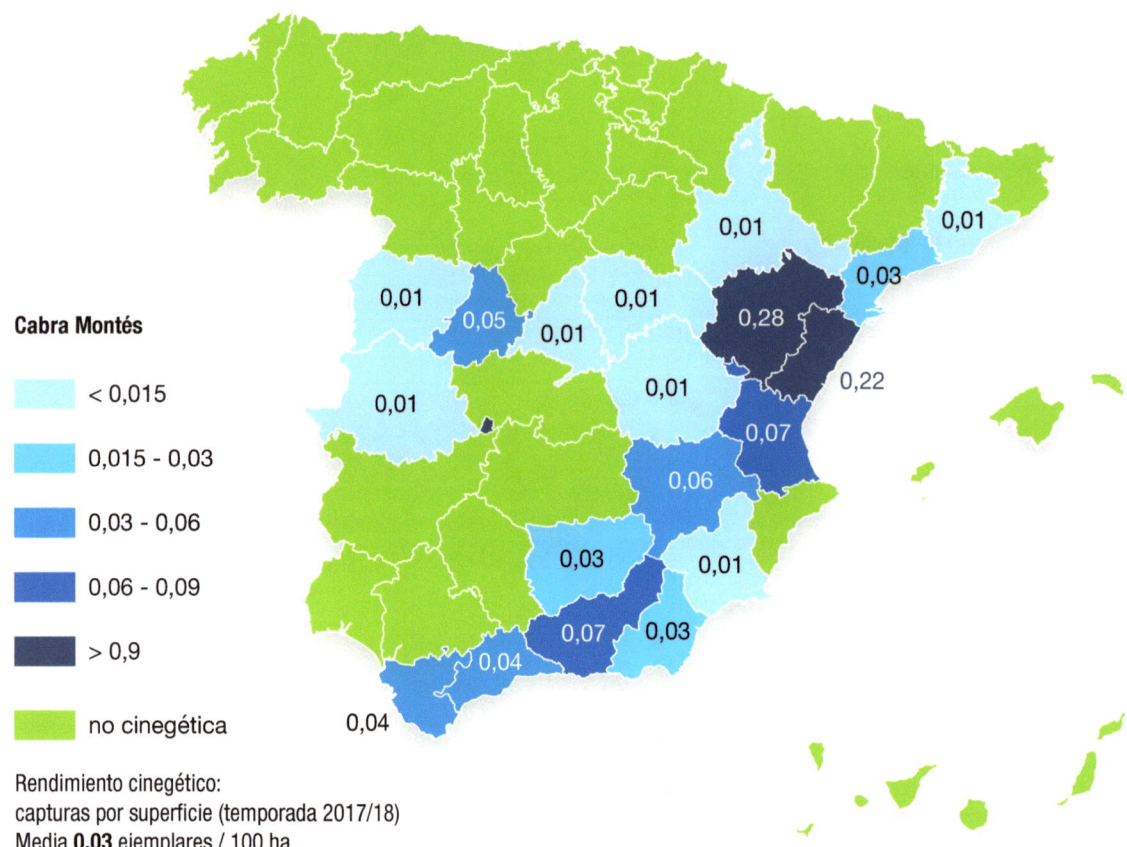

Rendimiento cinegético:
capturas por superficie (temporada 2017/18)
Media **0,03** ejemplares / 100 ha

REBECO

El género *Rupicapra* cuenta con dos especies, distribuidas por varios macizos montañosos del oeste de Eurasia, desde la Cordillera Cantábrica hasta el Cáucaso (Pérez-Barbería y Palacios 2009). En España habitan dos subespecies de *Rupicapra pyrenaica*, el rebeco de la Cordillera Cantábrica, *R. p. parva*, con una población superior a los 15.000 ejemplares y el Sarrio o Isard del Pirineo, *R. p. pirenaica*, con una población total estimada en torno a los 50.000 ejemplares (García-González y Herrero 2007).

Como especie adaptada a la alta montaña, su distribución es reducida. Al rebeco cantábrico se le puede encontrar en ambientes de montaña desde el este de Lugo hasta Cantabria, mientras que el sarrio o isard ocupa desde el este de Navarra hasta Gerona. Se trata de un bóvido de pequeño tamaño, con pesos en torno a los 20-30 kg. El cabrito, normalmente único, nace en mayo-junio, y la mayoría de las hembras no empieza a reproducirse hasta su tercer año.

Tendencias demográficas

Es una pieza relativamente poco accesible pues sólo se declaran entre 950 y 2000 ejemplares cazados por temporada en todo el país. Es, además, la única especie de caza mayor cuyas capturas han decrecido en estas 18 temporadas. Por un lado, el hábitat de alta montaña determina fuertes variaciones interanuales en su abundancia, particularmente en la supervivencia de los cabritos. Por otro, algunas enfermedades han venido causando impactos significativos en determinadas poblaciones. Es el caso de la sarna en la población cantábrica oriental (Fernández-Morán y cols. 1997) y de la queratoconjuntivitis y la pestivirosis en el Pirineo (Marco y cols. 2007, Arnal y cols. 2013). Aún así, las tendencias que muestran los resultados de caza son relativamente estables en conjunto, ya que en la temporada 2017/18 se cazó el 90% del número de rebecos cazados en 2000/01, sólo un 10% menos.

Por comunidades autónomas, la caza del rebeco es muy limitada en Galicia, donde se cobran menos de 20 ejemplares por temporada, y no todas las temporadas. En Asturias, gracias a que el mayor efecto de la sarna ya es historia, la extracción ha aumentado paulatinamente de 107 a 257 en lo que va de siglo, una multiplicación por 2,4. Castilla y León también presenta una tendencia ascendente, aunque con más fluctuaciones. En el otro extremo de la Cordillera, los resultados de caza de Cantabria dibujan un arco con mínimos en 2000/01 (10) y en 2017/18 (12), y un máximo en 2012/13 con 62 rebecos declarados.

Evolución de las capturas de rebeco

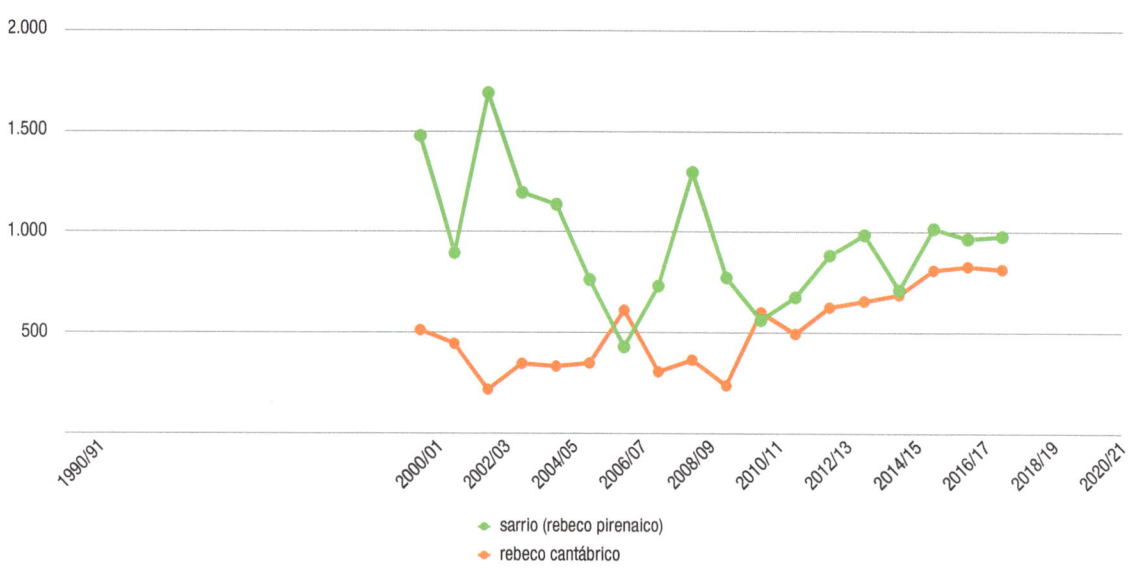

En cuanto a la población pirenaica, Navarra no caza el sarrio desde el siglo pasado, y Aragón y Cataluña, que cuentan con las mayores poblaciones ibéricas, presentan evoluciones con importantes fluctuaciones en el tiempo. En los mejores años se cazan casi 1700 mientras que en los peores apenas se alcanzan los 600. Aragón, en particular, presenta una caída importante de los resultados de caza de sarrio, pasando de promedios en torno a los 600 entre los años 2000 y 2004, a promedios en torno a los 200 a partir de entonces, una disminución de dos tercios que parece haberse estabilizado. Cataluña cuenta con fuertes variaciones interanuales pero unos resultados recientes más estables, en torno a los 800 isards por temporada.

El mapa de evolución reciente de las capturas de rebeco por provincia muestra una situación estable a excepción de Cantabria y Lérida.

Abundancia por provincia

Los resultados de caza reflejan su distribución, siendo León la provincia con más rebecos declarados en la última temporada: 518.

Mapa de tendencia de capturas:

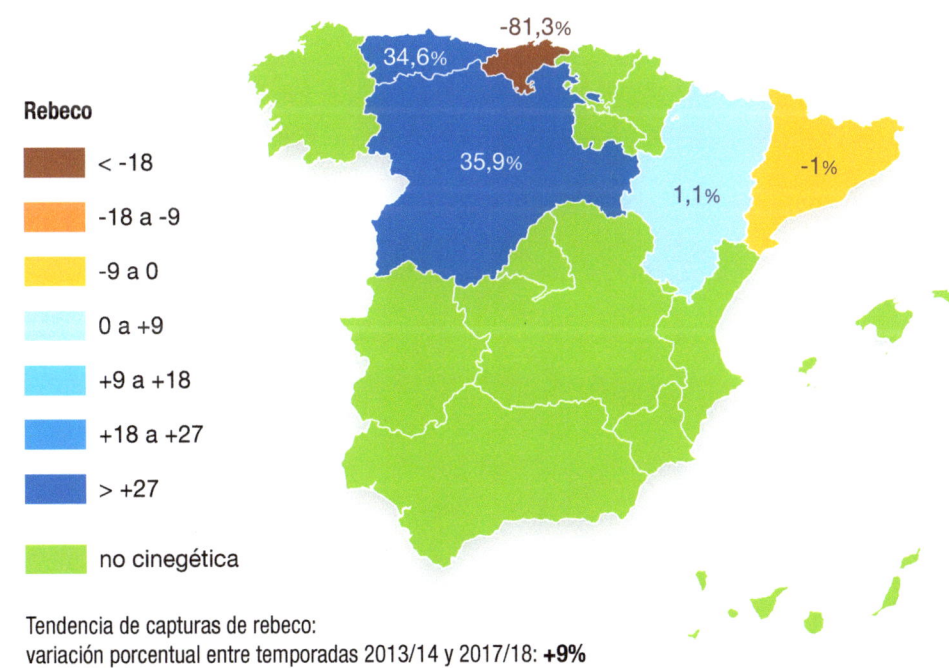

Tendencia de capturas de rebeco:
variación porcentual entre temporadas 2013/14 y 2017/18: **+9%**

Implicaciones para la gestión

Se trata de un recurso cinegético especialmente valioso por su exclusividad. El rebeco no se encuentra amenazado (categoría UICN "least concern") y sus poblaciones son censables si se dedica el suficiente esfuerzo (Herrero y cols. 2008; Garin y Herrero 1997). No obstante, los efectos potenciales de las enfermedades y de la variabilidad interanual en precipitaciones y temperaturas hacen que los cupos deban ajustarse año por año y población por población, procurando mantener una extracción ajustada al tamaño poblacional real y a las circunstancias: no conviene excederse ni quedarse demasiado corto.

Mapa de capturas por cada 100 ha:

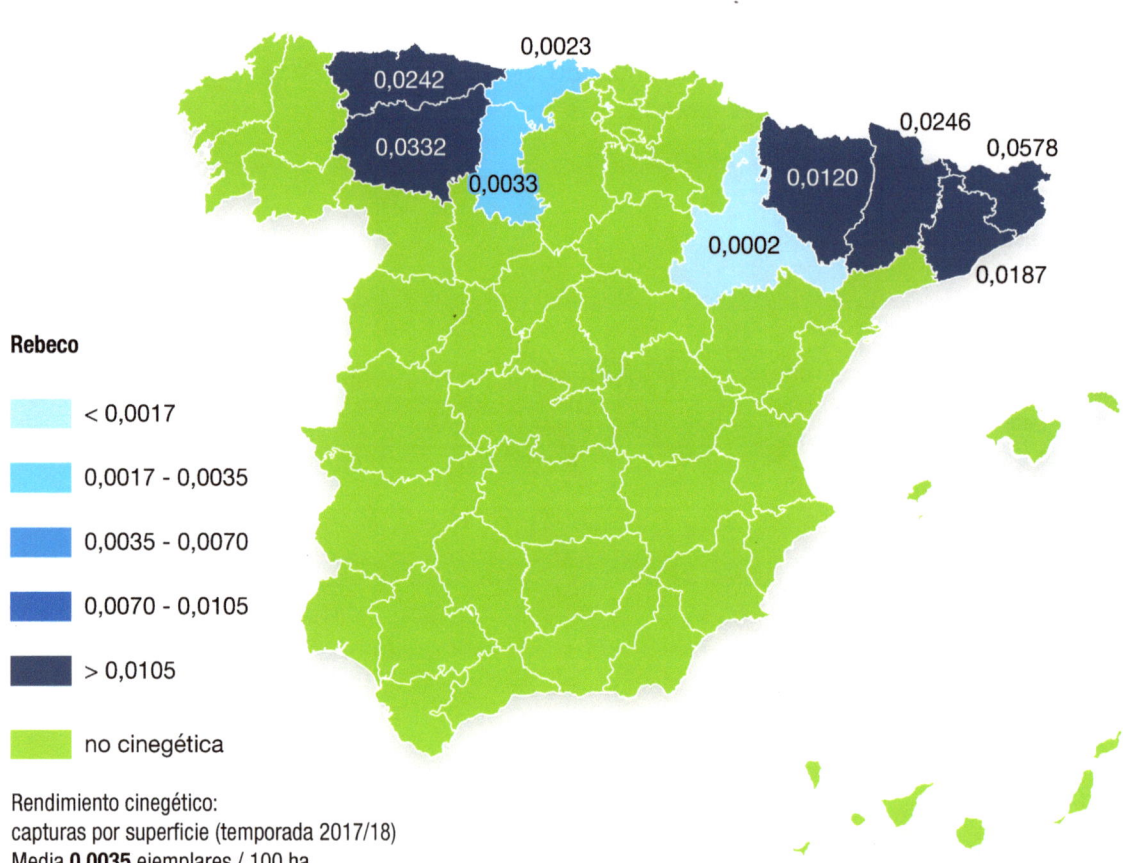

Rendimiento cinegético:
capturas por superficie (temporada 2017/18)
Media **0,0035** ejemplares / 100 ha

MUFLÓN

El muflón es un pequeño bóvido gregario cuyo origen pueden ser las islas mediterráneas de Córcega y Cerdeña, y que comparte el nombre científico con el de la oveja, *Ovis aries*. Tienen un marcado dimorfismo sexual, con machos que alcanzan los 60 kg mientras las hembras no pasan de 40 kg. Las hembras, igual que las ovejas, tienen normalmente una sola cría en marzo o abril (Ballesteros 1998).

Su mayor predador natural es el lobo. Es moderadamente sensible a la sarna y puede compartir todas las infecciones del ganado ovino. En España no es una especie nativa, pues las primeras introducciones datan de 1954 (Rodríguez-Luengo y cols. 2007). Sin embargo, sus primas las ovejas llevan miles de años habitando Iberia. En consecuencia, parece cuando menos arriesgado clasificar al muflón como especie exótica en la España peninsular. En la Muela de Cortes (Valencia) se han estimado densidades cercanas a los siete muflones por km^2 (Torres y cols. 2014). Otra cosa son las Islas Canarias, donde cualquier herbívoro, doméstico o silvestre, puede tener efectos devastadores sobre la delicada flora autóctona macaronésica, nada adaptada a los mamíferos. Actualmente, el muflón se encuentra en la isla de Tenerife y posiblemente también en La Palma.

Tendencias demográficas

De forma discreta, las cifras de caza de muflón han ido aumentando progresivamente en España a lo largo del siglo XXI, hasta triplicarse. Las capturas declaradas han pasado de poco más de 4.000 en la temporada 2000/01, a casi 15.000 en 2017/18. Igual que ocurre en el caso del gamo, las comunidades con muchos terrenos vallados, como Andalucía, Castilla – La Mancha y Extremadura, son las que más muflones cazan.

El mapa de evolución reciente de las capturas de muflón por provincia muestra, en primer lugar, que la caza del muflón es casi exclusiva de la España mediterránea y de Canarias. Galicia apenas declara entre 1 y 12 muflones por temporada, y no en todas las temporadas. Asturias, Cantabria, País Vasco, Navarra y La Rioja, así como Baleares, no declaran muflones cazados.

En el último lustro, los resultados provinciales de caza se han mantenido relativamente estables salvo en Valladolid, Albacete, Ciudad Real y Alicante, donde se han multiplicado. Por comunidades, Andalucía, Comunidad Valenciana, Murcia y Canarias mantienen registros de capturas relativamente estables, mientras que éstos aumentan de forma notable en las dos Castillas, Cataluña, Extremadura y Madrid.

Evolución de las capturas de muflón

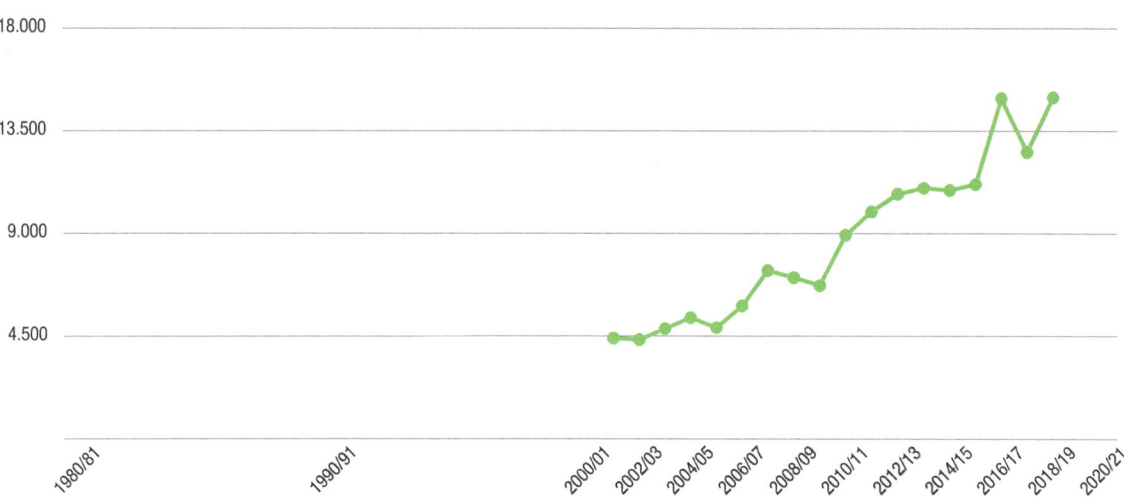

Abundancia por provincia

Los mayores números de muflones declarados por temporada corresponden a provincias del centro-sur peninsular como Jaén (2.553 muflones en 2017/18), Cáceres (1.331), Ciudad Real (1.099), Madrid (1.056) y Córdoba (1.011).

Mapa de tendencia de capturas:

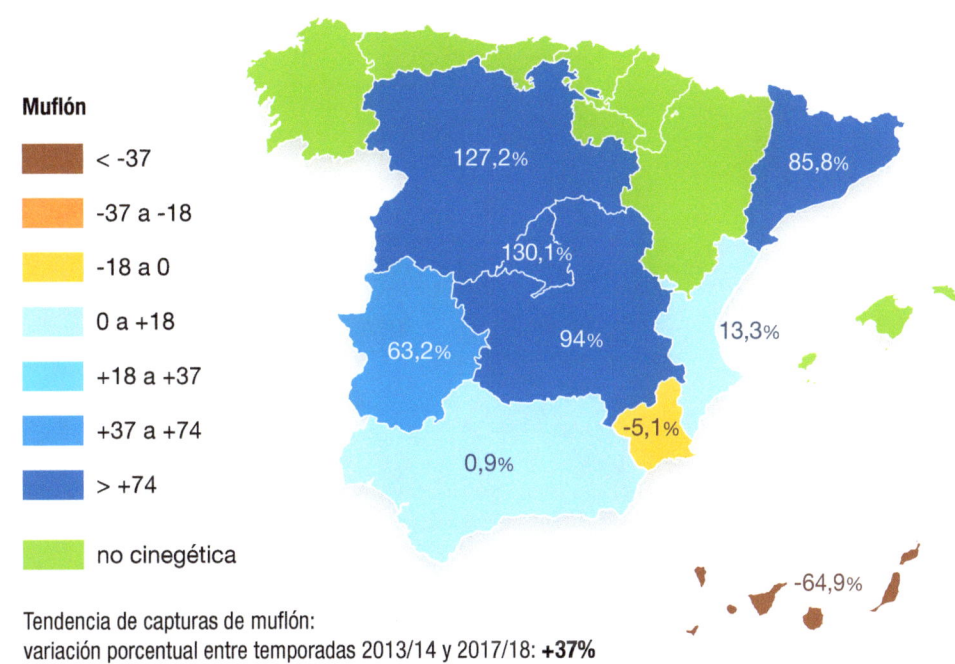

Tendencia de capturas de muflón:
variación porcentual entre temporadas 2013/14 y 2017/18: **+37%**

Muflón

Implicaciones para la gestión

En ausencia de depredadores, la caza es el único regulador de las poblaciones de muflón. Su marcado dimorfismo sexual, unido al limitado aprecio por su carne, hacen que se tiendan a cazar mucho más los machos que las muflonas. Sin embargo, es necesario extraer suficientes muflonas para evitar una proliferación excesiva – que en todo caso no suele alcanzar las densidades del ovino doméstico.

Mapa de capturas por cada 100 ha:

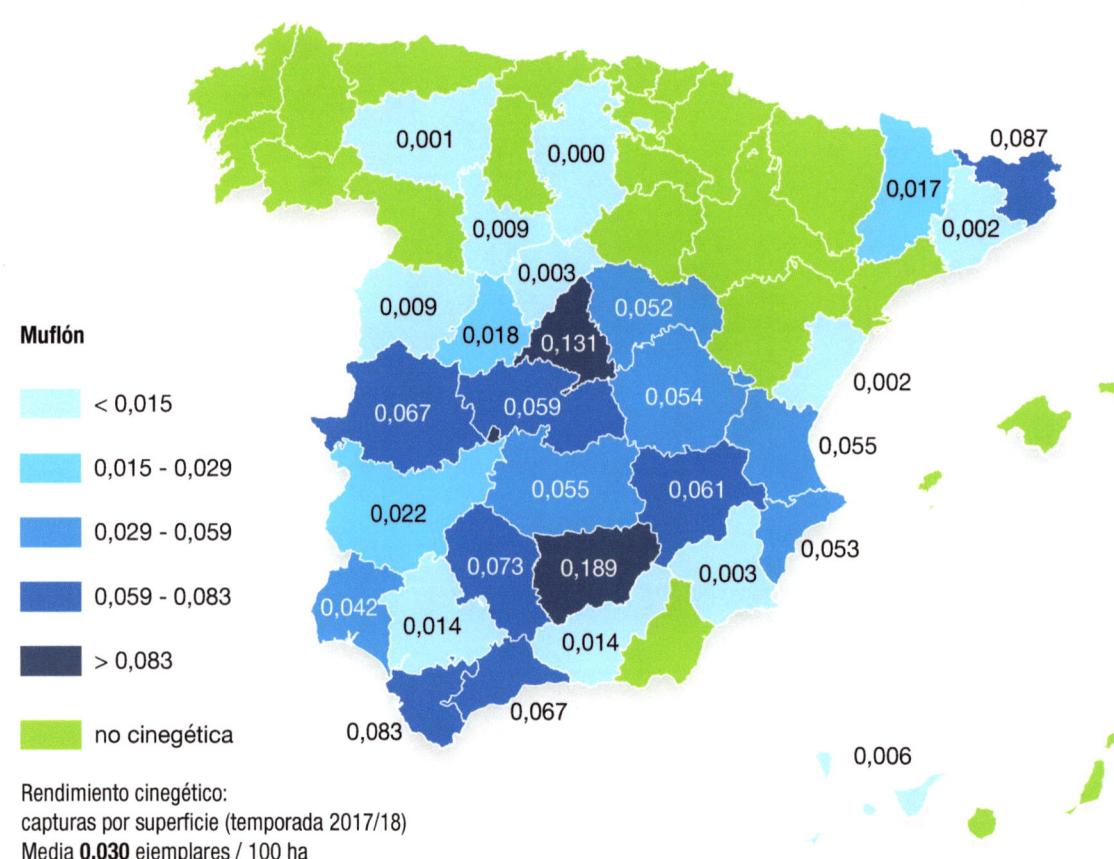

Muflón
- < 0,015
- 0,015 - 0,029
- 0,029 - 0,059
- 0,059 - 0,083
- > 0,083
- no cinegética

Rendimiento cinegético: capturas por superficie (temporada 2017/18)
Media **0,030** ejemplares / 100 ha

ARRUÍ

El arruí es un bóvido norteafricano bien adaptado a terrenos áridos. Es gregario y presenta un marcado dimorfismo sexual: las hembras adultas apenas pasan de los 60 kg mientras algunos machos pueden superar los 140.

Ha sido introducido con éxito fuera de su área de distribución en varios países, especialmente EEUU y España. La especie se encuentra en declive en la mayor parte de su área de distribución histórica y está clasificada como vulnerable por la UICN. Pero se encuentra en expansión donde ha sido introducido. El arruí se ha adaptado bien a los ambientes mediterráneos, donde abunda su alimento (herbáceas y vegetación leñosa), en contraste con las tierras desérticas que ocupa en su rango africano nativo. Esto, junto con la escasez de competidores y depredadores, da como resultado altas tasas de natalidad (las hembras tienen entre una y tres crías al año) y un fuerte potencial de propagación.

Tendencias demográficas

El del arruí es uno de esos casos en los que las estimas de captura no son buenos indicadores del tamaño real de la población. Esto se debe a que, en este caso, las capturas declaradas no sólo se ven afectadas por el tamaño poblacional, sino también por las restricciones a su aprovechamiento que derivan de su inclusión en el catálogo de especies invasoras. El número de arruís declarados en España se quintuplicó entre las temporadas 2000/01 y 2010/11, para descender a continuación hasta alcanzar el mínimo del presente siglo, con sólo 88 ejemplares declarados en 2017/18.

En el último lustro sólo Almería, Granada, Murcia, Alicante y Valencia declararon haber cobrado algún arruí. Sin embargo, el atlas de mamíferos señala la presencia de la especie en Cáceres, Badajoz, Ciudad Real, Albacete, Jaén y la isla de La Palma, además de las cinco provincias ya citadas (Cassinello y cols. 2007). Por tanto, seguramente existirá en todas ellas alguna caza del arruí o, en su defecto, algún tipo de control de su población, que no queda bien reflejado en las declaraciones de capturas.

Evolución de las capturas de arruí

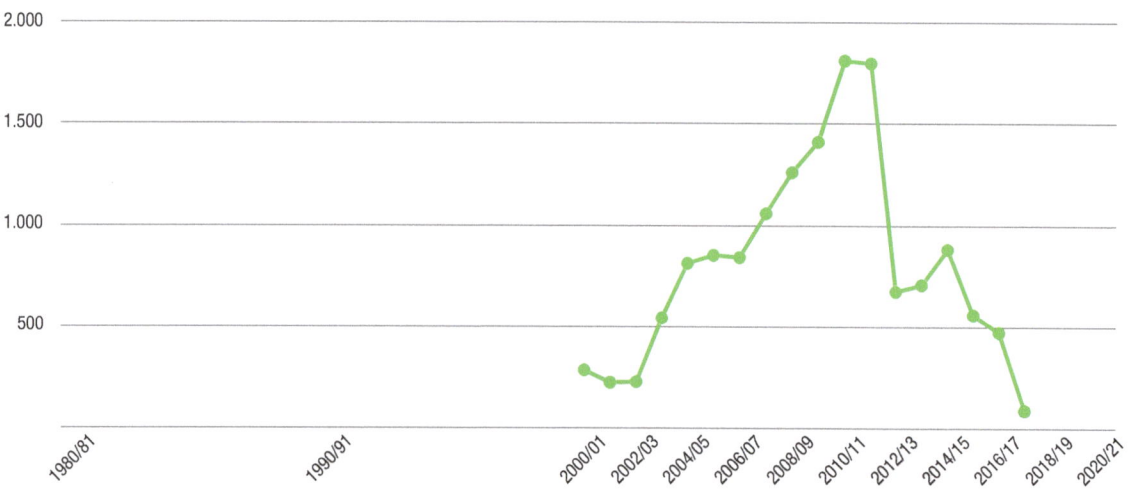

Abundancia por provincia

Los mayores números recientes de arruís declarados corresponden a Alicante (387 arruis declarados en 2014/15) y Murcia (352 en 2014/15), seguidas de lejos por Almería (94 en 2014/15), Granada (89 en 2013/14) y Valencia (69 en 2015/16). Por comunidades autónomas, los mayores números de arruís declarados corresponden, paradójicamente, a Castilla – La Mancha, con un máximo de 1535 en la temprada 2011-2012. A partir de ese año no se han declarado los arruís abatidos en esa región. En muchos casos, existe desconocimiento acerca del tamaño real de las poblaciones de arruí.

Mapa de tendencia de capturas:

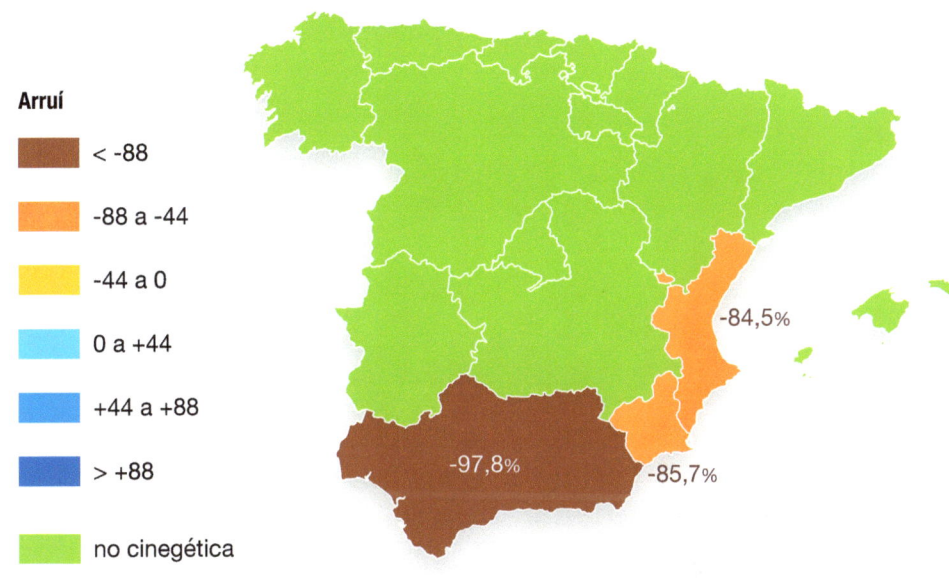

Tendencia de capturas de arruí:
variación porcentual entre temporadas 2013/14 y 2017/18: **-88%**

Implicaciones para la gestión

Existe debate en torno al arruí. Por un lado, la literatura internacional (Garzón-Machado y cols 2010, Mori y cols. 2017, Velamazán y cols. 2017) y la propia legislación española (Ministerio de Agricultura 2013) lo sitúan entre las especies exóticas invasoras, que deben ser eliminadas o al menos controladas por sus efectos negativos en la conservación. Por otro, se una especie que cuenta con tradición cinegética en algunas regiones. Además, algunos expertos opinan que no hay datos empíricos concluyentes que demuestren sus efectos negativos en la flora y fauna nativas de España peninsular (Cassinello 2018). Seguramente podemos distinguir dos situaciones completamente diferentes en relación con la presencia y aprovechamiento del arruí en España, la península y

Canarias. En la península, tolerar una cierta presencia del arruí, y gestionarla mediante un aprovechamiento cinegético proporcionado, que evite su expansión y no permita situaciones de sobreabundancia, parece posible. En la isla de La Palma en cambio, el arruí constituye una preocupación para la conservación de la flora autóctona, una flora no adaptada a la presencia de grandes herbívoros (Garzón-Machado y cols 2010, Cassinello 2015). A corto plazo parece inviable erradicar al arruí de La Palma, dada su amplia distribución, la naturaleza del terreno y su importancia cinegética. Sin embargo, en lo que todos los expertos se muestran de acuerdo es en resaltar los efectos perjudiciales de las poblaciones sobreabundantes de ungulados, independientemente de su origen exótico o nativo, y la consiguiente necesidad de gestionar sus poblaciones y de monitorear tanto sus poblaciones como las de la vegetación amenazada, especialmente cuando se trata de especies introducidas como el arruí.

Mapa de capturas por cada 100 ha:

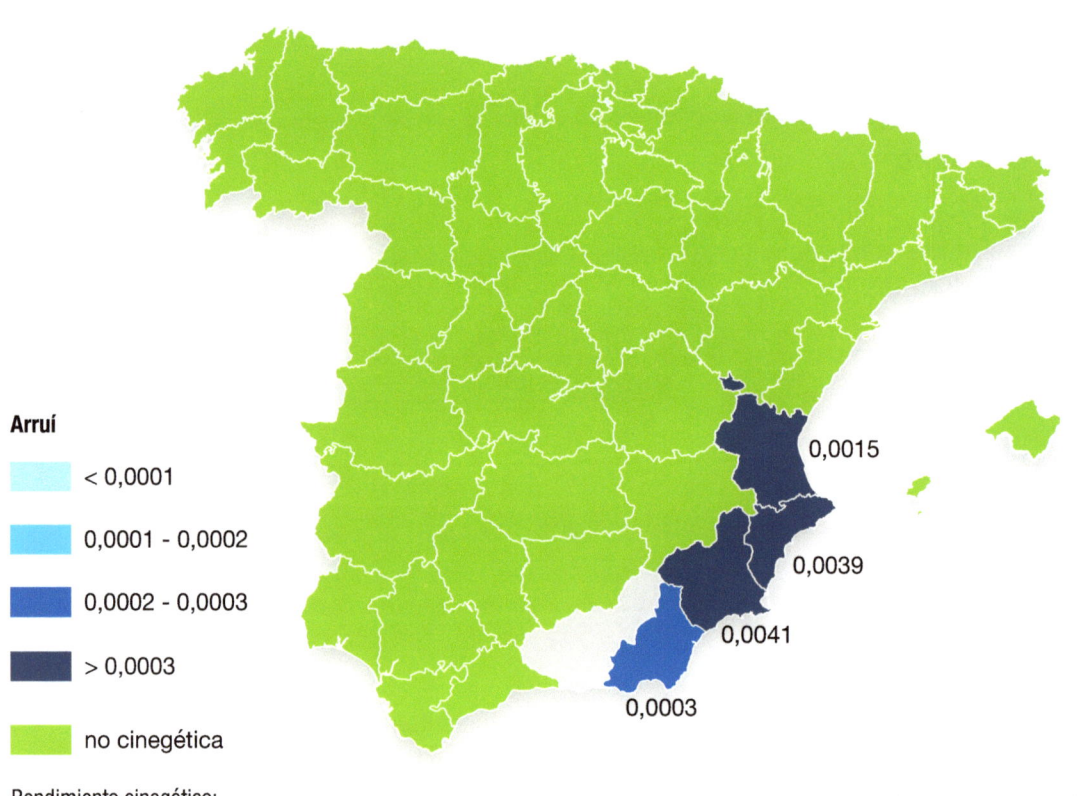

Arruí
- < 0,0001
- 0,0001 - 0,0002
- 0,0002 - 0,0003
- > 0,0003
- no cinegética

Rendimiento cinegético:
capturas por superficie (temporada 2017/18)
Media **0,0002** ejemplares / 100 ha

**LAS ESPECIES CINEGÉTICAS
Y SU SEGUIMIENTO EN ESPAÑA**

Cambios en el campo

Aún existe discusión sobre el impacto actual del cambio climático sobre las temperaturas y las precipitaciones. Con todo, pocos dudan de que nos adentramos en un tiempo de más calor, menos agua, y menor capacidad de predicción de los ritmos del clima. El motor de estos cambios es el incremento de gases de efecto invernadero en la atmósfera, debido principalmente a la quema de combustibles fósiles. En paralelo, estamos viviendo un evento de extinción masiva, y muchas formas de vida actuales podrían desaparecer a finales de este siglo (Ripple y cols. 2017). El calentamiento global aumenta el riesgo de enfermedades, genera un colapso en la disponibilidad de agua (Rojas-Downing y cols. 2017), e impacta sobre la supervivencia y abundancia de plantas, insectos y vertebrados (Warren y cols. 2018).

También el campo español está cambiando. En lo que va de milenio, seis comunidades autónomas, Castilla y León, Asturias, Extremadura, Aragón, Galicia, Castilla – La Mancha y La Rioja, han perdido población en más del 70% de sus municipios. La superficie cultivada ha disminuido en favor del matorral y del bosque, con un incremento del 33% de la superficie forestal nacional en los últimos 15 años. Al mismo tiempo, han cambiado tanto los tipos de cultivo, con más maíz y más leñosas, pero menos cereal de secano, como las formas de cultivo, con más regadíos, más siembra directa, menos barbechos, y mayor consumo de agroquímicos. Por su parte, el sector ganadero cuenta con muchas menos ovejas (sólo desde 2006 hay un tercio menos, sobre todo en extensivo) y muchos más cerdos, siendo España ahora el segundo productor europeo y cuarto mundial de porcino.

La caza no es ajena a tales alteraciones, y, de hecho, forma parte de ellas. Hay especies beneficiadas por los cambios, como el jabalí, el ciervo y otros ungulados que cuentan con más superficie forestal, y especies perjudicadas, como la perdiz o las liebres, que dependen de la agricultura tradicional y los barbechos. Hay menos licencias de caza, tal vez la mitad de las que había hace 30 años, y es innegable el progresivo envejecimiento de los cazadores. En consecuencia, la sobreexplotación de los recursos cinegéticos no parece una explicación lógica de las variaciones registradas. Además, hay especies cazables que tienen la capacidad de afectar de forma muy negativa a otras especies. Los ungulados sobreabundantes pueden afectar a las poblaciones de aves que nidifican en el suelo, como la perdiz, o competir con otros herbívoros, como los lagomorfos.

> *Hay especies beneficiadas por los cambios, como el jabalí, el ciervo y otros ungulados que cuentan con más superficie forestal, y especies perjudicadas, como la perdiz o las liebres, que dependen de la agricultura tradicional y los barbechos.*

De las 17 especies (o grupos de especies) analizadas en este libro, nueve aumentan sus números de forma significativa, tres bajan de forma clara y cinco mantienen tendencias relativamente estables. La regla general es que los ungulados aumentan, con la única excepción del rebeco que se mantiene estable a causa de las enfermedades, mientras algunas especies de caza menor dependientes de la agricultura tradicional van desapareciendo de forma progresiva, algo que ocurre de forma más marcada en liebre, codorniz y perdiz.

Explicando las tendencias observadas

Los cambios en el hábitat son la explicación subyacente de muchas de las tendencias observadas en las últimas dos décadas. Los procesos que contribuyen a este cambio incluyen la expansión de los sistemas de cultivos de regadío, la intensificación agrícola, la forestación y el aumento natural de la cubierta forestal, amén de la despoblación de las provincias rurales (Serra y cols. 2014, Fernández-Nogueira y Corbelle-Rico 2018). La perdiz, por ejemplo, está probablemente afectada por el uso de semillas blindadas y otras fuentes de pesticidas (López-Antia y cols. 2018), así como por la pérdida de barbechos y el aumento en la superficie forestal y la consiguiente proliferación de ungulados (Carpio y cols. 2015, Traba y Morales 2019). Hasta hace un par de décadas, las liebres eran la excepción entre la caza menor: sus poblaciones, o al menos los resultados de caza, aumentaron, pasando de poco más de 700.000 en 1980/81 al doble, 1.400.000, en 2000/01. Pero desde entonces las cosas han cambiado. Tras varios dientes de sierra, desde 2012/13 el número de liebres cazadas por temporada nunca volvió a superar la barrera del millón. Dado que la presión de caza, la abundancia de depredadores, la lluvia y las enfermedades no han cambiado significativamente (hasta la reciente epidemia de mixomatosis), se debe sospechar de cambios en el hábitat. Pueden ser cambios en los tipos, las fechas y los métodos de cultivo, o cambios en el uso de agroquímicos. En cuanto a los ungulados, el incremento de la superficie forestal, la expansión de los cultivos de regadío, el abandono rural, así como el número decreciente de cazadores (y, por lo tanto, la menor presión de caza) probablemente explican sus tendencias de población.

Las enfermedades son otro impulsor importante de la dinámica de las poblaciones de fauna silvestre. Por ejemplo, la mixomatosis diezmó las poblaciones de conejos desde finales de la década de 1950. Posteriormente, en 1988/89, apareció en Europa una nueva infección vírica que causa la enfermedad hemorrágica del conejo (EHC), y en 2011 surgió una nueva variante del virus EHC que dio como resultado una disminución adicional de las capturas, con efectos en cascada sobre los depredadores del conejo, como el lince (Delibes-Mateos y cols. 2016). Otro caso interesante con respecto a las enfermedades es el rebeco. Este ungulado de montaña se vio afectado por la sarna sarcóptica en la población cantábrica oriental (Fernández- Morán y cols. 1997) y por queratoconjuntivitis y pestivirosis en los Pirineos (Marco y cols. 2007, Arnal y cols. 2013). Como consecuencia, el rebeco es el único ungulado ibérico con resultados de caza estables.

> *Además de los cambios en el hábitat, las enfermedades son otro impulsor importante de la dinámica de las poblaciones de fauna silvestre.*

Consecuencias e implicaciones de las tendencias observadas

Los cambios registrados son enormes, incluso para esta serie temporal relativamente corta e incompleta, y un análisis detallado de sus consecuencias ecológicas, sociales y económicas está más allá de las pretensiones de este libro. Sin embargo, algunos puntos merecen atención. Por un lado, la tendencia general hacia menores rendimientos de caza menor significa no solo una pérdida cultural y socioeconómica para las regiones rurales, sino también un factor limitante para el reclutamiento de nuevos cazadores. Este es el caso porque tradicionalmente, los cazadores noveles comienzan con la caza menor porque generalmente es menos costosa en términos de costes y equipo, y está más fácilmente disponible en la mayoría de las regiones ("Sabido es que el perro y el joven siempre se iniciaron e hicieron buenos con la codorniz"). En segundo lugar, esta disminución provocará mayores esfuerzos para gestionar y recuperar la caza menor, y tarde o temprano incluirá prohibiciones de caza temporales o permanentes, que obviamente no serán bien recibidas. Las sueltas de caza de granja se convertirán en una alternativa necesaria, pero no podrán llenar todos los vacíos. Repoblar perdices, por cierto, no es actividad iniciada en la segunda mitad del siglo XX. En la "Revista Cinegética Ilustrada" nº 70 (abril 1929; pp. 27-28) con el título "Repoblación de Caza", se hace referencia a una suelta realizada el 26 de febrero de 1929, de 190 perdices, por la sociedad de cazadores "La cazadora Alavesa".

Por otro lado, más ungulados significan más problemas: accidentes de tráfico, daños en los cultivos, infecciones compartidas con el hombre y los animales domésticos, y diversos efectos adversos en el ecosistema. Los datos demuestran que, en España, igual que en el resto de Europa, la caza deportiva no es lo suficientemente eficaz para controlar las poblaciones de ungulados y muy especialmente del jabalí. Este desafío provocará mayores esfuerzos para manejar los ungulados salvajes, pero a diferencia de la caza menor, no conducirá a prohibiciones de caza sino a fórmulas que busquen aumentar la presión y eficacia de la caza.

> *Más ungulados significan más problemas: accidentes de tráfico, daños en los cultivos, infecciones compartidas con el hombre y los animales domésticos, y diversos efectos adversos en el ecosistema.*

Contando caza

En 2001, la Comisión Europea lanzó una Iniciativa de Caza Sostenible que culminó con un acuerdo entre BirdLife International y la Federación de Asociaciones de Caza y Conservación (FACE) para que la caza continúe dentro de un marco bien regulado (Rands y cols. 2004). El acuerdo reconoce que la evaluación racional de los efectos y gestión de la caza debe basarse en datos fiables, y que la recopilación de estadísticas de caza es necesaria. Sin embargo, estas estadísticas no son suficientes. Partiendo de buena información básica sobre productividad y supervivencia de cada especie cinegética, sólo la combinación de resultados de censos y seguimientos poblacionales, por un lado, y de resultados de caza por otro, permitirá evaluar los impactos de la caza y servirá de base para una gestión cinegética más efectiva al estar mejor informada (Aebisher 2019).

España cuenta con uno de los mejores sistemas de recopilación de datos de caza, si bien es muy heterogéneo dependiendo del territorio. ¿Realmente representan los datos de caza tendencias reales de las poblaciones animales? Probablemente sí, al menos si nos fijamos en las tendencias generales, como el crecimiento poblacional de los ungulados en España o la disminución de las liebres. Sin embargo, varios factores obstaculizan el uso adecuado de los resultados de caza. Estos incluyen (1) la falta de coordinación y falta de información, así como los cambios en la regulación de la caza; (2) la interferencia de las sueltas y repoblaciones; (3) la declaración incorrecta o falta de declaración de resultados; y (4) el efecto de la saturación del cazador y de los terrenos no cinegéticos.

Comenzando con el primer punto, este libro representa un esfuerzo para recopilar todos los datos disponibles sobre resultados de caza en España. Debido a la estructura pseudo-federal de las administraciones españolas, existen >10 leyes de caza diferentes en España, lo que dificulta la comparación del esfuerzo de caza y los resultados de la caza. Cada región, a veces hasta provincias o cabildos insulares, publica anualmente en su orden de vedas la lista de especies cazables, el calendario de caza, y los cupos y demás regulaciones, y todo puede cambiar de una temporada a otra. Aunque hay más de 30 especies de aves que figuran como especies cinegéticas en al menos una región española, sólo hemos logrado información más o menos detallada sobre perdiz, codorniz, becada, tórtola y zorzales. Si observamos en detalle, existen discrepancias entre las fuentes de información. Por ejemplo, hay reservas públicas de caza que registran cuidadosamente sus estadísticas de caza, y estas no siempre se ajustan a los datos reportados para la provincia donde se encuentra la reserva en cuestión. En algunas provincias, hay datos disponibles sobre el número de canales de ungulados inspeccionados por veterinarios, por coto de caza. Estos datos proporcionan una fuente óptima de información para monitorear los resultados de caza de jabalíes y ciervos (Vicente et al. 2013). Pero nuevamente, estas estadísticas basadas en la inspección no coinciden exactamente con los resultados de caza declarados.

> ¿Realmente representan los datos de caza tendencias reales de las poblaciones animales?

En segundo lugar, las sueltas y repoblaciones, principalmente las de perdiz, pueden interferir con los cálculos de resultados de caza, ya que (casi) no hay forma de distinguir las aves silvestres de las liberadas. Por ejemplo, en el Reino Unido, donde se introdujeron las patirrojas, los resultados de caza se han multiplicado por 25 en los últimos 50 años debido a la liberación de aves de granja (Aebisher 2019). En España se estima que hay entre dos y cuatro millones de parejas reproductoras de perdiz, un número que se ve reforzado por la suelta anual de varios millones de perdices de granja (Blanco Aguiar et al. 2003). Solo en la provincia de Ciudad Real se liberan 800.000 perdices anualmente (Caro et al. 2014). Estas sueltas masivas afectan la interpretación de tendencias demográficas basadas en resultados de caza. Efectos similares también pueden afectar a los resultados de caza de otras especies, como conejos o ciervos.

En tercer lugar, la declaración de resultados de caza no es precisa. Eso es así porque todavía, por distintas razones, se pierde la información anual de resultados de muchos cotos. El caso de la tórtola es un buen ejemplo. El equipo de Beatriz Arroyo en el IREC viene trabajando con la gestión de esta especie: En la provincia de Albacete, los datos de memorias de caza pasan de 6420 en 2007 a 6425 en 2017. Sin embargo, las estimas del equipo de Beatriz indican que estas cifras representan solo un pequeño porcentaje de los cotos. Sus estimas indican para Albacete 24000 tórtolas en 2007 y 23700 en 2015. Es decir, tampoco observan tendencias, pero la extracción anual estimada, de extrapolarse a escala nacional, es muy superior a la que reflejan las cifras declaradas. Por tanto, los resultados declarados de caza pueden, en algunas provincias, representar mínimos, pero no totales. En algunos casos excepcionales, los cazadores o la propia administración pueden verse tentados a no compartir sus datos, o a reportar información engañosa. Este podría ser el caso del lobo, por los conflictos con ganaderos y animalistas en torno a su estatus como especie cinegética, y del arruí, cuya caza se quintuplicó entre las temporadas 2000/01 y 2010/11 alcanzando un máximo de 1,811 para después quedar en sólo 88 piezas declaradas en 2017/18. El arruí ha sido declarado especie invasora, generando inseguridad en cuanto a la regulación de su aprovechamiento cinegético.

Finalmente, el sesgo más importante es la saturación, porque es difícil de detectar y no tiene solución sencilla. La saturación significa que los cazadores ya no están interesados o no pueden seguir cazando más individuos por temporada (lo que a menudo significa pasar más días de caza por temporada), año tras año. De hecho, el número de cazadores está disminuyendo en Europa (Massei y cols. 2014). Por lo tanto, habrá un punto en el que no se pueda distinguir si un cambio en la tendencia, por ejemplo, en el crecimiento del resultado de caza de jabalíes, indica un cambio demográfico real o solamente el efecto de la saturación de los cazadores (Quirós-Fernández y cols. 2017). Además, las áreas protegidas o urbanizadas, donde la caza está prohibida o restringida, ni siquiera están cubiertas por las estadísticas de caza. Lo mismo ocurre con las especies no cazables, algunas de las cuales anteriormente eran cinegéticas.

Monitorizar la caza en el futuro

Los resultados de caza siguen siendo la mejor fuente de información disponible actualmente en toda Europa sobre las poblaciones y tendencias de las especies cinegéticas, especialmente para los mamíferos donde los esfuerzos alternativos están menos extendidos (Aebisher 2019, Vicente y cols. 2019). En el caso de las aves ya existe una combinación de censos de cría/migración/invernada para muchas especies. Sin embargo, para los mamíferos, aunque existen métodos adecuados, se necesitan esfuerzos coordinados para establecer esquemas de monitoreo armonizados y ambiciosos. El camino por seguir es, por un lado, mejorar la recogida de datos de caza y, por otro, combinar esta información con información adicional derivada de métodos alternativos adecuados para su propósito. Los métodos adecuados para mamíferos incluyen los recuentos en recorridos lineales, los indicios de presencia, y las mallas de fototrampeo, entre otros (Acevedo y cols. 2008, Rowcliffe y cols. 2008).

Para mejorar la recogida de información sobre resultados de caza se recomienda recopilar los datos a nivel de coto de caza como unidad de gestión (y no sólo agregados por comarca o provincia), y mejorar la resolución espacial y temporal de la información recogida, que debería reflejarse a nivel de evento de caza (cada jornada o cada batida). Todas las provincias de España disponen de información sobre el número de animales abatidos a nivel de coto o unidad de gestión, pero solamente las CCAA de Asturias, Navarra, La Rioja, Castilla y León, Extremadura y Andalucía, así como las provincias de Ciudad Real y Guipúzcoa y como la red de cotos del observatorio de la caza de Cataluña, recopilan datos a nivel de evento (Vicente y cols. 2019).

Con el fin de monitorear tendencias poblacionales y poner a punto sistemas de seguimiento poblacional sencillos pero fiables, se recomienda establecer una red de observatorios de caza. En esta red de espacios acotados (públicos, pero también de gestión privada), se establecerían protocolos de censo para determinar la abundancia de las poblaciones (ver http://www.enetwild.com/2018/08/31/guidance-to-estimate-wild-boar-density/), y se recolectarían las estadísticas de caza de una forma precisa (incluyendo parámetros relacionados con el esfuerzo y eficacia de la caza). Esta red debería contar con la participación activa de administraciones y cazadores, contando con un seguimiento científico que asegure la máxima calidad, utilidad, independencia y accesibilidad de los datos obtenidos.

Se necesitan esfuerzos coordinados para establecer esquemas de monitoreo armonizados y ambiciosos.

REFERENCIAS

1. Acevedo y cols. (2007). The Iberian ibex is under an expansion trend but displaced to suboptimal habitats by the presence of extensive goat livestock in central Spain. Biodiversity and Conservation 16: 3361-3376.

2. Acevedo y cols. (2008). Estimating red deer abundance in a wide range of management situations in Mediterranean habitats. Journal of Zoology 276: 37-47.

3. Arizaga y cols. (2014). Solar/Argos PTTs contradict ring-recovery analyses: Woodcocks wintering in Spain are found to breed further east than previously stated. Journal of Ornithology 156: 515-523.

4. Arnal y cols. (2013). Dynamics of an Infectious Keratoconjunctivitis Outbreak by Mycoplasma conjunctivae on Pyrenean Chamois Rupicapra p. pyrenaica. PLoS ONE 8: e61887.

5. Baker y cols. (2017). Strong population structure in a species manipulated by humans since the Neolithic: The European fallow deer (Dama dama dama). Heredity 119(1), pp. 16-26.

6. Ballesteros (1998). Las especies de caza en España: biología, ecología y gestión. 300 pp.

7. Blanco y cols. (2007). Lobo. En Palomo, Gisbert y Blanco (eds.). Atlas de Mamíferos Terrestres. Ministerio de Medio Ambiente, Madrid.

8. Blanco-Aguiar y cols. (2003). La perdiz roja (Alectoris rufa). pp. 212-213 en Martí R, Moral JC, (eds.), Atlas de las aves reproductoras de España, Dirección General de Conservación de la Naturaleza-Sociedad Española de Ornitología, Madrid.

9. Blanco-Aguiar y cols. (2008). Assessment of game restocking contributions to anthropogenic hybridization: The case of the Iberian red-legged partridge. Animal Conservation 11: 535-545.

10. Braza, F. 2007. Gamo. (Dama dama). en Palomo, Gisbert y Blanco (eds.). Atlas de Mamíferos Terrestres. Ministerio de Medio Ambiente, Madrid.

11. Caro y cols. (2014). A quantitative assessment of the release of farm-reared red-legged partridges (Alectoris rufa) for shooting in central Spain. European Journal of Wildlife Research 60: 919-926.

12. Carpio y cols. (2015). Factors affecting red-legged partridge Alectoris Rufa abundance on big-game hunting estates: Implications for management and conservation. Ardeola 62: 283-297.

13. Carpio y cols. (2017). Ecological impacts of wild ungulate overabundance on Mediterranean Basin ecosystems. Pp 111-157 en "Ungulates: Evolution, Diversity and Ecology". Nova Science Publishers, Inc.

14. Carro y Soriguer (2017). Long-term patterns in Iberian hare population dynamics in a protected area (Doñana National Park) in the southwestern Iberian Peninsula: Effects of weather conditions and plant cover. Integrative Zoology 12: 49-60.

15. Cassinello (2015). Ammotragus lervia (aoudad). In CABI (Ed.), Invasive species compendium. Wallingford, UK: CAB International.

16. Cassinello (2018). Misconception and mismanagement of invasive species: The paradoxical case of an alien ungulate in Spain. Conservation Letters 11: e12440.

17. Cassinello y cols. (2007). "Arrui". Pp. 374-377 en Palomo, Gisbert y Blanco (eds.). Atlas de Mamíferos Terrestres. Ministerio de Medio Ambiente, Madrid.

18. Chapron y cols. (2014). Recovery of large carnivores in Europe's modern human-dominated landscapes. Science 346: 1517-1519.

19. Davis y MacKinnon (2009). Did the Romans bring fallow deer to Portugal? Environmental Archaeology 14: 15-26.

20. Delibes-Mateos y cols. (2008). Key role of European rabbits in the conservation of the western Mediterranean Basin hotspot. Conservation Biology 22: 1106-1117.

21. Delibes-Mateos y cols. (2008). Rabbit populations and game management: The situation after 15 years of rabbit haemorrhagic disease in central-southern Spain. Biodiversity and Conservation 17: 559-574.

22. Delibes-Mateos y cols. (2009). Rabbit (Oryctolagus cuniculus) abundance and protected areas in central-southern Spain: Why they do not match? European Journal of Wildlife Research 55: 65-69.

23. Delibes-Mateos y cols. (2014). Conservationists, hunters and farmers: The European rabbit Oryctolagus cuniculus management conflict in the Iberian Peninsula. Mammal Review 44: 190-203.

24. Dunn y cols. (2018). The decline of the Turtle Dove: Dietary associations with body condition and competition with other columbids analysed using high-throughput sequencing. Molecular Ecology 27: 3386-3407.

25. Duriez y cols. (2005). Factors affecting population dynamics of Eurasian woodcocks wintering in France: assessing the efficiency of a hunting-free reserve. Biological Conservation 122: 89-97.

26. Fernández-Aguilar y cols. (2017). Postepizootic persistence of asymptomatic Mycoplasma conjunctivae infection in Iberian ibex. Applied and Environmental Microbiology 83: e00690-17.

27. Fernández-de-Simón y cols. (2015). Can widespread generalist predators affect keystone prey? A case study with red foxes and European rabbits in their native range. Population Ecology 57: 591-599.

28. Fernández-Morán y cols. (1997). Epizootiology of sarcoptic mange in a population of cantabrian chamois (Rupicapra pyrenaica parva) in Northwestern Spain. Veterinary Parasitology 73: 163-171.

29. Fernández-Quirós y cols. (2017). Hunters serving the ecosystem: the contribution of recreational hunting to wild boar population control. European Journal of Wildlife Research 63: 57.

30. Ferrand y Gossmann (2001). Elements for a woodcock (Scolopax rusticola) management plan. Game and Wildlife Science 18: 115-139.

31. Ferreira y cols. (2014). Habitat management as a generalized tool to boost European rabbit Oryctolagus cuniculus populations in the Iberian Peninsula: A cost-effectiveness analysis. Mammal Review 44: 30-43.

32. Focardi y cols. (2006). Inter-specific competition from fallow deer Dama dama reduces habitat quality for the Italian roe deer Capreolus capreolus italicus. Ecography 29: 407-417.

33. García-González y Herrero (2007). Rebeco. Pp. 263-265 en: Palomo, Gisbert y Blanco (eds). Atlas y Libro Rojo de los Mamíferos Terrestres de España. Dirección General para la Biodiversidad -SECEM-SECEMU, Madrid.

34. Garin y Herrero (1997). Distribution, abundance and demographic parameters of the Pyrenean chamois (Rupicapra p. pyrenaica) in Navarre, Western Pyrenees. Mammalia 61: 53-63.

35. Garzón-Machado y cols. (2010). Strong negative effect of alien herbivores on endemic legumes of the Canary pine forest. Biological Conservation 143(11), pp. 2685-2694.

36. González-Quijada y cols. (2002). Tularemia: Análisis de 27 casos. Medicina Clinica 119: 455-457.

37. Gortázar (1999). Ecología y patología del zorro (Vulpes vulpes, L) en el valle medio del Ebro. Ed. Consejo de protección de la naturaleza de Aragón, Zaragoza, 236 pp.

38. Gortazar y cols. (2007). A large-scale survey of brown hare Lepus europaeus and Iberian hare L. granatensis populations at the limit of their ranges. Wildlife Biology 13: 244-250.

39. Granados y cols. (2007). Cabra montés (Capra pirenaica). En Palomo, Gisbert y Blanco (eds.). Atlas de Mamíferos Terrestres. Ministerio de Medio Ambiente, Madrid.

40. Gutierrez-Galán y cols. (2018). Foraging Habitat Requirements of European Turtle Dove Streptopelia turtur in a Mediterranean Forest Landscape. Acta Ornithologica 53: 143-154.

41. Guzmán y cols. (2011). Origin and migration of woodcock Scolopax rusticola wintering in Spain. European Journal of Wildlife Research 57: 647-655.

42. Herrero y cols. (2008). Rupicapra pyrenaica. The IUCN Red List of Threatened Species 2008: e.T19771A9012711.

43. Hobson KA y cols. (2013). Origins of juvenile Woodcock (Scolopax rusticola) harvested in Spain inferred from stable hydrogen isotope (δ2H) analyses of feathers. Journal of Ornithology 154: 1087-1094.

44. Hoodless y Coulson (1998). Breeding biology of the Woodcock Scolopax rusticola in Britain. Bird Study 45: 195-204.

45. Hubálek (2004). Global weather variability affects avian phenology: A long-term analysis, 1881-2001. Folia Zoologica 53: 227-236.

46. Jiménez J y cols. (2019a). Generalized spatial mark–resight models with incomplete identification: An application to red fox density estimates. Ecology and Evolution 9: 4739-4748.

47. Jiménez y cols. (2019b). Restoring apex predators can reduce mesopredator abundances. Biological Conservation 238: 108234.

48. Lecomte y cols. (2019). Ungulates mediate trade-offs between carbon storage and wildfire hazard in Mediterranean oak woodlands. Journal of Applied Ecology 56: 699-710.

49. León-Vizcaíno y cols. (1999). Sarcoptic mange in Spanish ibex from Spain. Journal of Wildlife Diseases 35: 647-659.

50. Lopez-Antia y cols. (2018). Brood size is reduced by half in birds feeding on flutriafol-treated seeds below the recommended application rate. Environmental Pollution 243: 418-426.

51. Lucio y Sáenz de Buruaga (2000). La becada en España. Ed. FEDENCA, Madrid, 175 pp.

52. Machar y cols. (2018). Ungulate browsing limits bird diversity of the Central European hardwood floodplain forests. Forests 9: 373.

53. Marco y cols. (2007). Severe outbreak of disease in the southern chamois (Rupicapra pyrenaica) associated with border disease virus infection. Veterinary Microbiology 120: 33-41.

54. Massei y cols. (2015). Wild boar populations up, numbers of hunters down? A review of trends and implications for Europe. Pest Management Science 71: 492-500.

55. Milner y cols. (2006). Temporal and spatial development of red deer harvesting in Europe: Biological and cultural factors. Journal of Applied Ecology 43: 721-734.

56. Ministerio de Agricultura (2013). Real Decreto 630/2013, de 2 de agosto, por el que se regula el Catálogo español de especies exóticas invasoras. B.O.E, 185, 56764– 56786.

57. Moreno-Zarate y cols. (2017). Tendencias poblacionales y de presión de caza de la tórtola europea en España. XXIII Congreso Español de Ornitología. Badajoz, Noviembre 2017.

58. Mori y cols. (2017). Strangers Coming from the Sahara: An Update of the Worldwide Distribution, Potential Impacts and Conservation Opportunities of Alien Aoudad. Annales Zoologici Fennici 54: 373-386.

59. Morrondo y cols. (2017). Prevalence and distribution of infectious and parasitic agents in roe deer from Spain and their possible role as reservoirs. Italian Journal of Animal Science 16: 266-274.

60. Murgui (2014). When governments support poaching: A review of the illegal trapping of thrushes Turdus spp. in the parany of Comunidad Valenciana, Spain. Bird Conservation International 24: 127-137.

61. Nadal y cols. (2019). Time, geography and weather provide insights into the ecological strategy of a migrant species. Science of the Total Environment 649: 1096-1104.

62. Oroschakoff y Livingstone (2017). Wolves return to haunt EU politics. https://www.politico.eu/article/gray-wolves-return-to-haunt-eu-politics-europe-farmers/

63. Perea y cols. (2015). The reintroduction of a flagship ungulate Capra pyrenaica: Assessing sustainability by surveying woody vegetation. Biological Conservation 181: 9-17.

64. Pérez (2008) Determinación de los principales parámetros ecoetológicos de la Perdiz Roja y su aplicación a la evaluación de animales destinados a repoblación. 364 pp. (Tesis doctoral) ULE-Publicaciones.

65. Pérez y cols. (2002). Distribution, status and conservation problems of the Spanish Ibex, Capra pyrenaica (Mammalia: Artiodactyla). Mammal Review 32: 26-39.

66. Pérez-Barbería y Palacios (2009). El Rebeco Cantábrico ("Rupicapra pyrenaica parva"): Conservación y gestión de sus poblaciones. Organismo Autónomo Parques Nacionales, Madrid: 501 p.

67. Péron y cols. (2011). Escape migration decisions in Eurasian Woodcocks: Insights from survival analyses using large-scale recovery data. Behavioral Ecology and Sociobiology 65: 1949-1955.

68. Prieto y cols. (2019). Survival probabilities of wintering Eurasian Woodcocks Scolopax rusticola in northern Spain reveal a direct link with hunting regimes. Journal of Ornithology 160: 329-336.

69. Rands y cols. (2004). Agreement betweenBirdLife international and FACE on directive 79/409/EEC. BirdLifeInternational and Federation of the European Hunters' Associations, Brussels.

70. Reynolds y cols. (2010). The consequences of predator control for brown hares (Lepus europaeus) on UK farmland. Eur J Wildl Res 56: 541.

71. Ripple y Beschta (2012). Large predators limit herbivore densities in northern forest ecosystems. European Journal of Wildlife Research 58: 733-742.

72. Ripple y cols. (2013). Widespread mesopredator effects after wolf extirpation. Biological Conservation Volume 160: 70-79.

73. Ripple y cols. (2017). World Scientists' Warning to Humanity: A Second Notice. BioScience 67: 1026–1028.

74. Robinson y cols. (2004). Demographic mechanisms of the population decline of the song thrush Turdus philomelos in Britain. Journal of Animal Ecology 73: 670-682.

75. Robinson y cols. (2014). Integrating demographic data: Towards a framework for monitoring wildlife populations at large spatial scales. Methods in Ecology and Evolution 5: 1361-1372.

76. Rodriguez-Hidalgo y cols. (2010). Effects of density, climate, and supplementary forage on body mass and pregnancy rates of female red deer in Spain. Oecologia 164: 389-398.

77. Rodríguez-Luengo y cols. (2007). Muflón. Pp. 371-373. En Palomo, Gisbert y Blanco (eds.). Atlas de Mamíferos Terrestres. Ministerio de Medio Ambiente, Madrid.

78. Rodríguez-Teijeiro y cols. (2009). The effects of mowing and agricultural landscape management on population movements of the common quail   Journal of Biogeography 36: 1891-1898.

79. Rojas-Downing y cols. (2017). Climate change and livestock: Impacts, adaptation, and mitigation. Climate Risk Management 16: 145-163.

80. Rowcliffe y cols. (2008). Estimating animal density using camera traps without the need for individual recognition. Journal of Applied Ecology 45: 1228-1236.

81. Sáenz de Buruaga (2018). Lobos. Rimpego, León: 208 pp.

82. Sáenz-de-Santa-María y Tellería (2015). Wildlife-vehicle collisions in Spain. European Journal of Wildlife Research 61: 399-406.

83. San José y Dorado (2007). Manual de Conservación y Gestión del Corzo Andaluz. Junta de Andalicía, Sevilla.

84. Sánchez García-Abad y cols. (2009). Una visión sobre la avicultura para la producción de caza en España. ITEA 105: 169-183.

85. Sanchez-Donoso y cols. (2014). Detecting slow introgression of invasive alleles in an extensively restocked game bird. Frontiers in Ecology and Evolution 2: 15.

86. SEO/BirdLife (2013). Resultados del programa Sacre 1996-2013. SEO/BirdLife. Madrid.

87. Stockdale y cols. (2014). The protozoan parasite Trichomonas gallinae causes adult and nestling mortality in a declining population of European Turtle Doves, Streptopelia turtur. Parasitology: 760.

88. Tanner y cols. (2019). Wolves contribute to disease control in a multi-host system. Scientific Reports 9: 7940.

89. Tobajas y cols. (2019). Conditioned food aversion mediated by odour cue and microencapsulated levamisole to avoid predation by canids. European Journal of Wildlife Research 65: 32.

90. Torres y cols. (2014). Estimating the population density of Iberan wild goat Capra pyrenaica and mouflon Ovis aries in a Mediterranean forest environment. Forest Systems 23: 36-43.

91. Traba y Morales (2019). The decline of farmland birds in Spain is strongly associated to the loss of fallowland. Scientific Reports 9: 9473.

92. Ureña y cols. (2018). Unraveling the genetic history of the European wild goats. Quaternary Science Reviews 185: 189-198.

93. Velamazán y cols. (2017). Threatened woody flora as an ecological indicator of large herbivore introductions. Biodiversity and Conservation 26: 917-930.

94. Vicente y cols. (2013). Temporal trend of tuberculosis in wild ungulates from Mediterranean Spain. Transboundary and Emerging Diseases 60: 92-103.

95. Vicente y cols. (2019). Análisis preliminar de los sistemas de recopilación de estadísticas de caza del jabalí en España (en un contexto europeo). Propuestas para armonizar la recolección de datos. Informe EnetWild, disponible en www.enetwild.com.

96. Warren y cols. (2018). The projected effect on insects, vertebrates, and plants of limiting global warming to 1.5°C rather than 2°C. Science 360, 6390: 791-795.

AGRADECIMIENTOS

Los siguientes fotógrafos han aportado algunas de las imágenes que ilustran este libro: Alberto Aníbal; Ramón Arambarri; Leonardo de la Fuente; Daniel Fernández de Luco; José Luis Fraile; Aitor Galdós, Bernardino López; José Manzano; Antonio Mata; José Antonio Pérez; Miguel Ángel Romero.

Las siguientes personas han facilitado datos desde las diferentes administraciones públicas que gestionan la caza en España:

Andalucía	Manuel Contioso Castaño.
Aragón	INAGA. (Publicación estadísticas caza Gobierno Aragón)
Asturias	Jaime L. Marcos Beltrán; Francisco J. Quirós Fernández
Baleares	Joan Mayol Serra; Bartomeu Segui
Canarias	Paulino García Alvarado
Cantabria	Antonio J. Lucio Calero; Oscar González Alvarez
Castilla y León	Ignacio de la Fuente Cabría (Publicación Estadísticas Caza Junta de CyL)
Castilla-La Mancha	Mª Llanos Gabaldón Lozano
Cataluña	María Josep Vargas Pera (Publicación servicios actividades cinegéticas)
Comunidad Valenciana	Luis Velasco García (Estadísticas Caza Gobierno Generalitat Valenciana)
Extremadura	Manuel Rivera Pavón
Galicia	Mª Luz Rey (Estadísticas publicadas Xunta de Galicia).
La Rioja	Juan Herrera Ruiz; Pedro P. Matute Lozano (Estadísticas Gobierno LR.)
Madrid	José Lara Zubía; José Ignacio Herce Alvárez
Murcia	José A. Martínez García
Navarra	Julia Palacios
País Vasco	
D.F. Álava	Virginia Domaica Marquinez; Ainoa Mª Ubillos Mendiluce (Estadísticas Dpto. Agricultura)
D.F. Guipúzcoa	Iñigo Mendiola Gómez; Joseba X. Ortigosa Mújica
D.F. Vizcaya	Gloria P. Fernández Zurinaga.

Nuestro agradecimiento a los compañeros del **IREC** por su ayuda y paciencia, y gracias también a la colaboración de la **Real Federación Española de Caza** y de las **Federaciones Autonómicas de Caza**, así como sus **delegaciones provinciales**, que han coordinado en algunos casos la aportación de datos de las administraciones afectas.

Instituto de Investigación
en Recursos Cinegéticos

www.ingramcontent.com/pod-product-compliance
Lightning Source LLC
Chambersburg PA
CBHW051913210526
45473CB00006B/1992